乡土珍贵树种彩叶新品种选育及产业化关键技术项目
杭州新优行道树引种筛选及示范应用研究项目
资助出版

# 杭州外来树种引种与评估

俞仲辂 张海珍 章银柯 胡力 主编

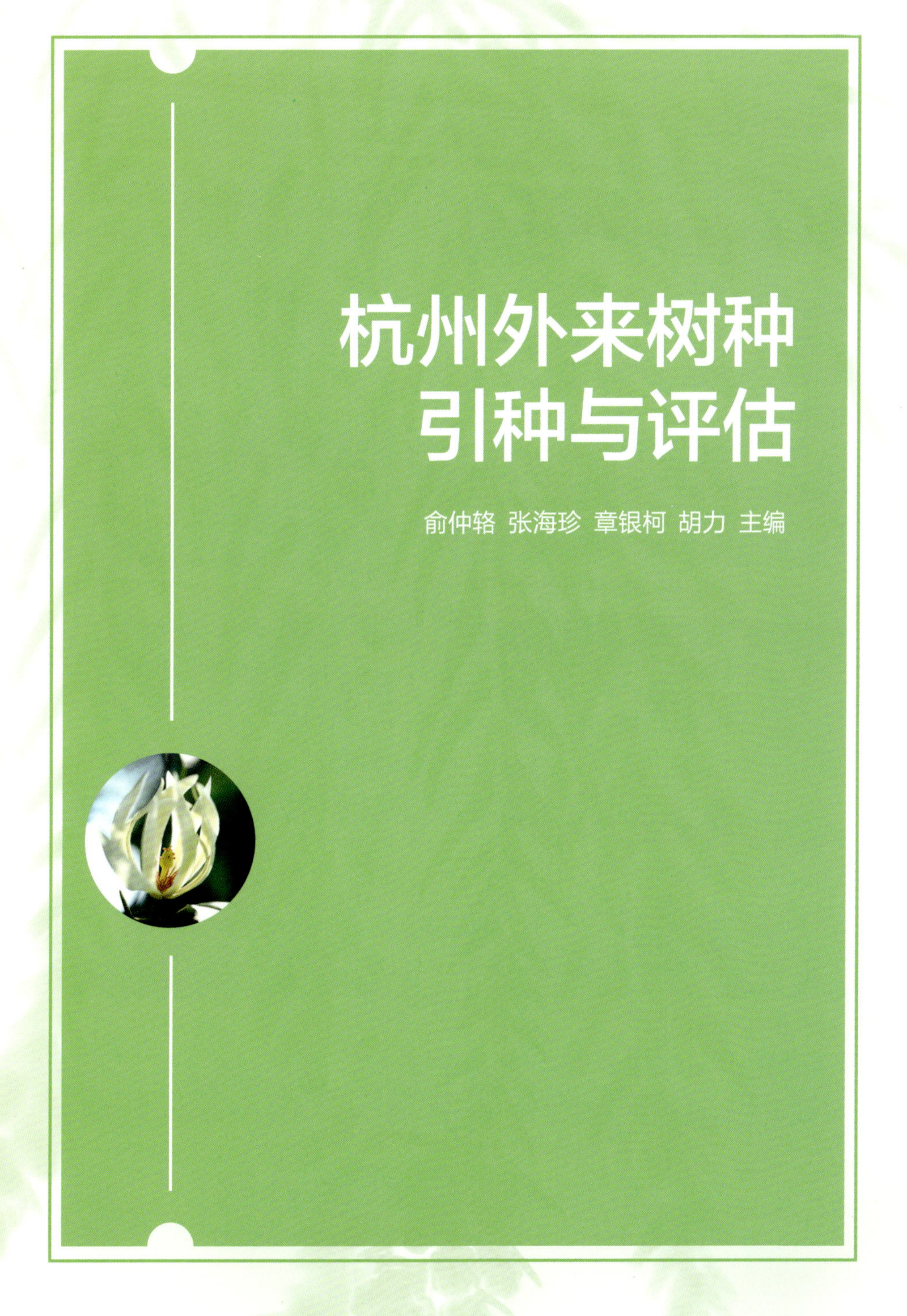

中国林业出版社
China Forestry Publishing House

**图书在版编目(CIP)数据**

杭州外来树种引种与评估 / 俞仲辂等主编. -- 北京 : 中国林业出版社, 2023.2

ISBN 978-7-5219-2133-5

Ⅰ. ①杭… Ⅱ. ①俞… Ⅲ. ①引进树种—研究—杭州 Ⅳ. ①S722.7

中国国家版本馆CIP数据核字(2023)第015798号

责任编辑：贾麦娥

---

**出版** 中国林业出版社( 100009 北京西城区刘海胡同 7 号 )
电话：( 010)83143562

**制版** 北京八度出版服务机构

**印刷** 北京博海升彩色印刷有限公司

**版次** 2023 年 2 月第 1 版

**印次** 2023 年 2 月第 1 次

**开本** 889mm × 1194mm 1/16

**印张** 13

**字数** 429 千字

**定价** 228.00 元

## 《杭州外来树种引种与评估》编委会


**主　编：** 俞仲辂　张海珍　章银柯　胡　力

**编　委（按姓氏笔画排序）：**

马骏驰　王浥尘　冯永平　汪小华　汪弘毅

张凯强　张海珍　陈钰洁　陆　婷　周　虹

金晨莺　胡　力　胡　中　俞仲辂　俞青青

高亚红　钱江波　章银柯

**摄　影：** 高亚红　俞仲辂

**作　序：** 施奠东

# 序

—— f o r e w o r d ——

季春之月，仲铬先生持稿来舍，约我为其大作写几句。半个世纪老友，盛情难却，加之我对此书的题材有浓厚的情愫，故乐而为之。

一个城市，一个地域，生物的多样性是生态系统的基础，也是风景园林景观丰富度的要素，特别是在践行生态文明建设的今天，我们更要重视生物多样性这个重要课题。在国际上，一个城市的物种数量，也是衡量该城市生物多样性的指标之一。

植物是西湖千年不变的主题。杭州对植物素材的重视，历来处于国内风景园林业界的前列。中国最早的一本园艺专著《花镜》，成书于康熙戊辰年（1688），作者为长年生活于杭州的陈淏子，又名扶摇，别名西湖花隐翁，全书记述了305种园林植物及其栽培管理方法，包括花木类74种，花果类51种，藤蔓类78种，花草类102种，其所列植物绝大多数至今在杭州的园林中仍有。稍后的清代著名文人钱泳（1759—1844）在《履园丛话》中称：钱塘“古迹之多，名胜之雅，林木之秀，花鸟之蕃，当为海内第一”。但在晚清之后，历史的风云变幻，杭州经历了战乱及日寇的大肆木材盗伐，以致新中国成立之前，山林破坏殆尽，名胜凋敝，花木萧疏，生物物种急剧减少。中华人民共和国成立后，西湖发生了巨变，山林绿化，封山育林，公园建设，形成林木葱郁、花团锦簇、盛世繁华的景象。园林植物在栽培乡土物种的基础上，引进了很多外来物种，而这些工作大多是在仲铬先生长期工作的杭州植物园进行的。引种驯化，是植物园的基本职能，仲铬先生是园中引种驯化工作的中坚。在20世纪80年代，他所做的木兰科引种科研课题，引进栽培了30多种木兰科植物，如今大量推广应用的乐昌含笑、深山含笑、川含笑等都是他们的成果。

本书可说是他和他的同事们几十年研究工作的总结，书中所列举的许多植物是经他们引进的，其中有许多故事，经他们娓娓道来，生动具体，让读者了解这些植物在杭州落户的过程，增长知识，开拓视野，也更多地看到了前一代创业者、探索者的艰辛历程。

时代在发展，科技在创新，生态文明建设的更高要求，以及人们对美好生活的企盼，要求有越来越多的优良物种来丰富我们的栖

— f o r e w o r d —

居环境，其中除了利用我们本地的种质资源加以选育繁殖外，引种驯化仍然是一项重要课题。多年来我一直认为，以风景园林学科而言，我们和国际先进水平的差距主要是在学科的科学性方面，其中主要是风景园林植物的选种、育种、引种、栽培及应用等方面。以自然条件、种质资源而论，我国处于世界的前列，但是科技的手段、方法，创新的意识、新品种知识产权保护等方面却有很大的差距。现在业界流传一种对外来物种的“恐惧症”，一听到外来物种，就唯恐引入有害的入侵种，因此对引种产生了种种疑虑。实际上古今中外，世界各国都是在交流中丰富自己的物种，这在果树、蔬菜、粮食作物、经济林木、观赏植物等方面都是如此。没有中国的园林植物就没有现代的西方园林；同样，没有外来的农业作物物种，我们的餐桌上就不会有今天的丰富多彩，人们也不会有今天的口福。因此，对于经过园艺栽培繁育的绝大多数外来物种，大可不必产生恐惧心理。书中列举的原是外来物种，如雪松、广玉兰、水杉、二球悬铃木等，实际上不仅早已成了杭州的“乡土树种”，而且还作为骨干树种在广泛应用了！没有前人“吃螃蟹”的勇气，哪有今人视觉、生态和审美的综合享受。我希望通过本书的出版，让从事风景园林事业的同仁，更多地关注我们自己所在地区的物种多样性，注重植物景观的丰富性，让春花、秋叶、夏荫、冬枝丰富我们的生活环境，让我们的家园既具有良好的、清新醉人的生态环境，又展现出如诗如画的美丽画卷。在本书付梓前，我有幸先阅读了几位同仁艰辛工作的成果，十分欣喜，是为序。

施奠东

壬寅年季春

# 前言

preface

杭州是我国历史文化名城，两朝古都，浙江省政治、经济、文化中心，世界著名风景旅游城市。钱塘自古繁华，在历史的进程中，杭州建成了独具特色的江南园林，景色秀丽，享誉世界。这其中园林树木、园林花木起到了极其重要的作用，它们不仅是组成杭州园林景观的重要内容，更是杭州生态环境的保护者和贡献者。

说起杭州的树，首先想到的是香樟、桂花、银杏、枫香、无患子等最常见的树，这些都是杭州的乡土树种，它们世世代代生在杭州，长在杭州，习惯了杭州的风土，适应了杭州的生态环境，生长得很健壮，很长寿，是杭州城市绿化的骨干和基础，从而形成了杭州园林的地方特色和风格。

与此同时，树木引种的前辈们，也包括我们这一代人，不断从世界各地和国内其他省市引进了不少有价值的树种和花木，用以丰富杭州园林，弥补乡土树种的不足，有利于创造更优美的园林景观和建设更完美的生态环境，也有利于生产更多更优质的木材和林特产品。例如，常见的雪松，就是从印度引进的，它以雄伟壮丽的树姿著称于世，是世界著名的观赏树种，有很高的观赏价值；池杉、落羽杉原产于美国东南部沼泽地带及有季节性泛滥的河漫滩地，有极强的耐水湿能力，引入我国后，解决了国内江湖沿岸、沼泽湿地绿化的树种问题；乐昌含笑产在江西、湖南大山之中，是高大的常绿乔木，引入杭州后，改变了杭州常绿乔木品种单调的局面；湿地松、火炬松是原产在美国东南部的常绿大乔木，生长快，材质好，抗病虫害能力强，受到世界各国的重视，而杭州的马尾松因抗病虫害能力弱，深受松干蚧、松毛虫的危害，死亡严重，湿地松、火炬松的引入可以有效替代马尾松，使“九里云松”这样著名的景点得以延续，从经济角度来看，湿地松、火炬松比马尾松长得更快、更高、更直，松脂质量更好、产量更高。由此可见：树木引种不仅在生态环境建设与生物多样性方面有重要意义，而且在林木和林特产品的生产上也有重要价值。

当然，不是所有的外来树种都能适宜在杭州生长，只有经过栽培试验后，那些能适应杭州气候环境，生长正常，并在生态、观赏或经济上有一定价值和优势的树种，才值得引种和栽培。

作者于 1958 年进入杭州植物园工作，一直从事植物引种驯化工作，对树木引种的价值和意义有着深刻的体会，也积累了一些粗浅的认知。因此，将杭州外来树种做一次梳理，通过对历史的回顾、总结，系统地介绍杭州外来树种的种类、来历、生长情况，以便取其之长，为杭州的城市绿化建设添砖加瓦、锦上添花。对不适应杭州气候环境、生长不良的外来树种，也择要介绍，以免后人重复引种，造成不必要的损失。期盼通过上述梳理，或能对今后杭州城市绿化树种的选择有一些参考价值，此为作者之心愿也。

本书对乡土树种和外来树种的界别，以杭州的行政区划为准，凡杭州市 10 区（上城区、拱墅区、西湖区、滨江区、临平区、余杭区、萧山区、钱塘区、临安区、富阳区）3 县市（建德市、桐庐县、淳安县）范围内有自然分布的树种，即为乡土树种，上述范围内无自然分布的树种皆为外来树种。

为叙述方便，先按引种地的不同，分成从国外引进的外来树种和从国内其他省（自治区、直辖市）引进的外来树种上下两篇，各篇按常绿乔木、落叶乔木、常绿灌木与小乔木、落叶灌木与小乔木、藤本（下篇无藤本）和其他等分成六类，每个类型里再按树木分类学的进化顺序分种排列，力求对每一树种的形态特征、地理分布、杭州的引种历史、引种栽培的生长势、生长习性、繁殖方法等都有简要的介绍和说明，并对其应用前景和栽培价值提供参考性评估意见。

因受资料所限，有些早年引进的树种已无法知晓其具体年份和经历，实为最大之遗憾。

树木的名称和学名，以《中国树木志》为准；《中国树木志》中没有的树种，采用《杭州植物园植物名录》之名称。

在本书编写过程中得到包志毅教授的悉心指导，黄伍龙、孙晓萍、张军提供珍贵照片，德高望重的老局长施奠东先生为本书作序，在此一并表示衷心的感谢。由于作者水平有限，参阅文献资料不全，错漏之处在所难免，诚盼同仁、专家、读者不吝指正。

俞仲辂

二〇二二年五月

# 目录

contents

## 上篇：国外引入树种

## 下篇：国内引入树种

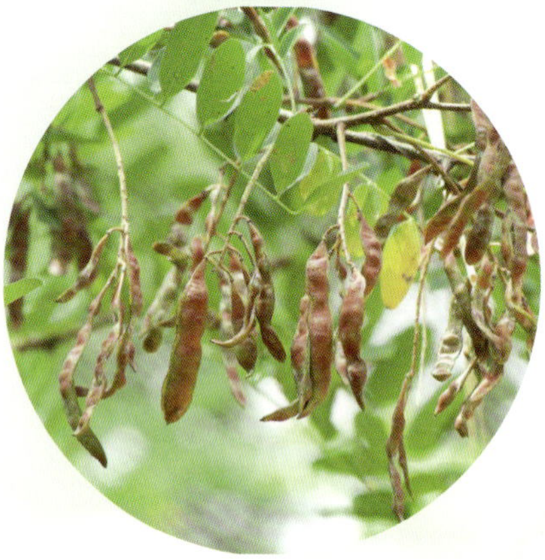

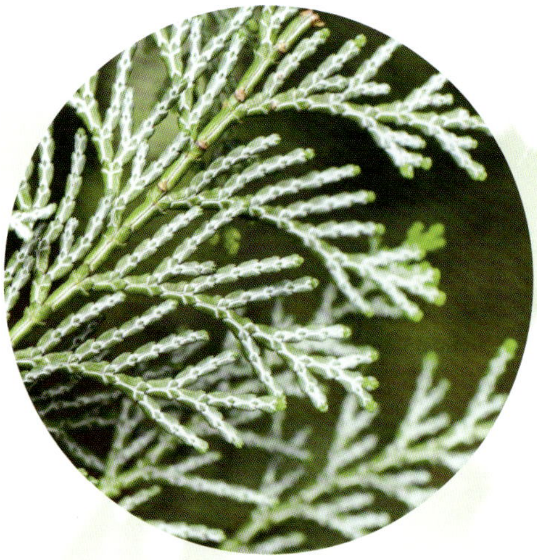

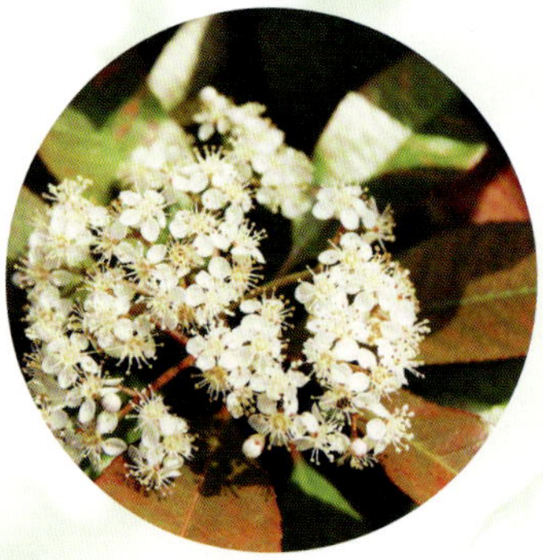

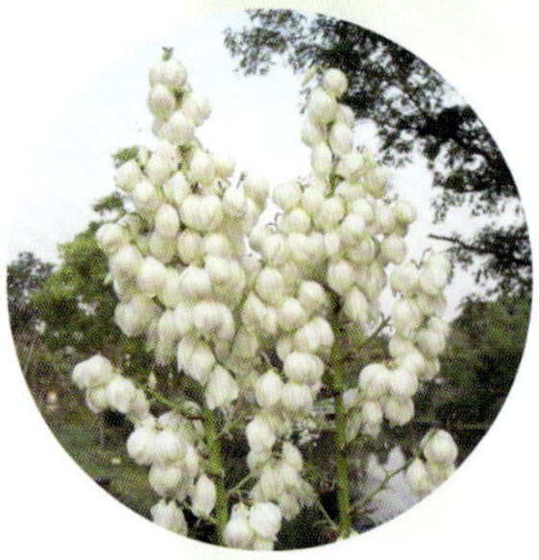

# 上篇：国外引入树种

树木引种是人类利用和改善树木资源的重要途径。在地球上树木资源的分布很不均匀，因而引进本地区不产的树木资源，包括有价值的林木、果树、特种经济树种和园林绿化树种，可以丰富本地树种资源，对本地区的经济发展和生态环境建设产生重要作用，因此受到世界各国的重视。

树木引种在我国历史上可以追溯到很久以前，远在西汉武帝时期张骞（公元前114年）出使西域带回核桃、石榴、葡萄，到现在已有2000多年的历史了。可以这么说，这是我国有历史记载的最早树木引种，对我国果木生产和经济发展产生了重要作用。自此以后，我国树木引种从未间断。19世纪中叶以后，由于近代交通发达和国际交往增多，我国引进的国外树种得到很快的发展，其中有不少是由华侨、留学生、外国传教士、外交使节和外商传来的，如杭州的北美鹅掌楸就是由前之江大学美国传教士带到杭州的，但一般数量都较少，种植面积不大。中华人民共和国成立后，党和国家对树木引种给予了极大的重视，各地树木园、植物园、林科所相继建立，树木引种工作蓬勃开展，在种类和数量上得到进一步发展，大批优良树种和花灌木在林业生产和园林绿化中发挥重要作用。

杭州地处东南沿海，气候温和，雨量充沛，经济文化发达，交通便利，自古至今积聚了众多的国外树种，在绿化造林尤其在城市园林建设中广泛应用。本书共收集在杭习见的国外树种67种，并对其原产地生境、生态习性、主要形态特征、引种过程、生长适应性、园林应用及繁殖方法等方面，尽可能予以翔实介绍，以供林业及园林工作者、苗木生产和绿化设计及施工单位参考。

# ㊀ 常绿乔木

## 1. 日本冷杉 *Abies firma*

松科　冷杉属

**形态特征：**

常绿乔木。树皮暗灰色或暗灰黑色，粗糙，成鳞片状开裂。叶条形，直或微弯，长2～3.5厘米，上面光绿色，下面有2条灰白色气孔带。球果圆柱形，长12～15厘米，基部较宽，成熟前绿色，熟时黄褐色或灰褐色，种鳞扇状四边形；苞鳞外露，直伸，先端有急尖头。种子具较长的翅。花期4～5月，球果10月成熟。

**地理分布：**

原产日本本州、四国、九州，北纬30°～40°，从低山到海拔1600米的山地都有分布。在原产地高达50米，胸径2米，是冷杉属中生长最快、树体最大的一种。

**引种评估：**

20世纪初，浙江省莫干山已有日本冷杉，种植在海拔600米左右山坡屋宇周边（原日本领事馆旧址），是由日本领事馆的人带入，生长良好，年平均高生长量29厘米，胸径生长量1.14厘米。杭州植物园于1953年引种日本冷杉，树龄5年生，种植地海拔20～25米，土为山地黄壤，旁有马尾松部分庇荫。根据1976年调查，树龄28年生，树高6米，胸径21厘米，年平均树高生长量21.3厘米，胸径生长量0.75厘米；时至2021年5月，该树龄已达73年，经实测：现树高17米（目测），胸径34.3厘米，按平均生长量计算，树高年平均生长量23.3厘米，胸径年平均生长量0.47厘米。两组数字均表明比海拔较高的莫干山为低，说明低海拔地区的夏季高温、干旱对冷杉的生长有一定的影响，但树干生长端直，树冠完整，说明尚能适应，可以生长。

**园林应用：**

日本冷杉树形雄健，树姿优美，抗风、抗雪、抗病虫害能力强，也是冷杉属中最耐干热的一个种，是优良的庭园观赏树和造林树种。虽然在杭州生长较慢，但形态发育仍属正常，树姿仍然挺拔优美，有栽培价值。可选择西湖山区比较湿润偏阴的景点绿化，或在山谷坡地营造风景林，能形成独特的园林景观效果。适生于凉爽湿润、稍偏阴的环境。喜深厚肥沃、排水良好的酸性土壤。

**其他用途：**

木材轻，纹理直，结构细密，但不耐腐，可供一般建筑、家具、板材、火柴杆之用，也是造纸的上等原料。

**繁殖方法：**

用播种繁殖。球果于10月上旬成熟，应立即进行采摘，日晒脱粒，出籽率6%～8%，千粒重38.9～57.8克。种子放室内通风干燥处过冬，翌年2月下旬至3月上旬播种。出苗后须搭盖遮光网遮阴，以免幼苗日灼死亡。

## 2. 雪松 *Cedrus deodara*

松科　雪松属

**形态特征：**

常绿大乔木，高可达60米，胸径可达4.3米。树皮深灰色，裂成不规则的鳞状块片。叶针形，坚硬，淡绿色或深绿色，长2.5～5厘米。雄球花长卵圆形或椭圆状卵圆形；雌球花卵圆形。球果卵圆形、宽椭圆形或近球形，长7～12厘米，熟前淡绿色，微被白粉，熟时褐或栗褐色。种子近三角形，连翅长2.2～3.7厘米。

雪松寿命可达600～700年。树干耸直，侧枝平展，分布匀称，树冠呈塔形，姿态雄伟优美，是世界著名的三大公园树种之一。

**地理分布：**

原产印度、尼泊尔，生于喜马拉雅山南坡海拔1200～3000米的山地，喜深厚肥沃土壤。据说我国与尼泊尔交界处原有一块4000亩*的山地也有雪松的分布，后来在与尼泊尔划界时，这块地方划给了尼泊尔，所以我国就没有雪松的分布了。

**引种评估：**

杭州引种雪松已有100多年历史。据杭州古树名木调查资料，已知杭州年龄最大的雪松位于石屋洞景点内，树龄约为130年，现树高22米，胸径75厘米，长势良好。此外，在玉皇山紫来洞前、花港公园、少年宫广场、原钱江果园等处都有较大的雪松，其中花港公园的雪松是新中国成立初期扩建时从上海购置的。

雪松在杭州能开花，但不结实。为了解决雪松的繁殖问题，20世纪70年代杭州植物园的姜国武同志，对雪松进行过人工授粉试验。根据他的观察，雪松在杭州开花不结实的原因主要有两个：一是花期不遇，雄花比雌花早开一周，待雌花开花时，雄花花粉基本已散尽；二是雪松的雌花长在树冠上部，雄花长在树冠下部，而雪松的花粉粒比较大，且没有气囊，不易飞扬，影响了自然授粉。他通过人工授粉，在1975年获得饱满种子643粒，出苗率80%，由此培育了一批实生苗。此后数年内，从这批实生幼龄树上剪取枝条进行扦插，又繁殖了一大批扦插苗，为雪松在杭州市的繁殖摸索了一条有效的路径。

**园林应用：**

雪松在杭州主要作为景观树种使用，在风景区、公园、庭园、广场、建筑物前，栽植甚广。

**其他用途：**

雪松也是优良的用材树种，木材质地致密，硬度适中，有油光，芳香，抗腐性强，极为耐用，供建筑、桥梁、造船、家具等用材。

雪松较为喜光，幼树稍耐蔽荫，大树要充足光照，否则枝叶稀疏，生长不良。对土壤要求不严，对酸性土、微碱性土均能适应。较耐干旱瘠薄，但不耐水涝，在低洼积水或地下水位过高的地方生长不良，甚至死亡。对二氧化硫等有毒气体抗性甚弱。根系分布较浅，主根不发达，易被风吹倒，在台风季节应注意防护。

**繁殖方法：**

用播种、扦插繁殖。

种子千粒重147.5克，3月上、中旬播种，出苗率高逾90%。扦插时间以3月上、中旬为宜。

扦插成活率与母树年龄有很大关系，应尽可能选5年生以下的幼龄树为母本，插穗长15厘米左右。扦插后要及时遮阴，保持土壤湿润，约40天开始愈合，3个月后生根。

* 1亩≈666.7平方米。

## 3. 湿地松 *Pinus elliottii*

松科　松属

**形态特征：**

常绿乔木。树皮灰褐色或暗红褐色，纵裂成鳞状块片剥落。针叶2针一束，偶有3针一束，长18～25厘米，刚硬，深绿色，有气孔线，边缘有锯齿。球果圆锥形或窄卵圆形，长6.5～13厘米，径3～5厘米，有梗；种鳞的鳞盾近斜方形。种子卵圆形，微具3棱，长6毫米，黑色，有灰色斑点，种翅长0.8～3.3厘米，易脱落。

**地理分布：**

原产美国东南部，自然分布区多为沿海岸平原，在池塘边生长最好，耐瘠薄。在原产地树高可达30多米，胸径90厘米。干形圆满通直，生长快，材质好，是美国最有价值的松树之一。

**引种评估：**

浙江引种湿地松较早，1944年陈嵘教授从美国带回湿地松、火炬松种子，在他老家浙江安吉三社嘱族人播种试栽，1945年造林，当时共有500多株。据安吉林科所技术人员观察：火炬松于1966年开始结实，湿地松到1970年开始结实。但前几年都是空粒，1976年开始收获孕育的种子，但孕育率较低，湿地松约为15%，火炬松约为21%。

杭州1972年开始引种湿地松。1972年11月，我（指第一作者俞仲辂先生，全书同）受杭州植物园领导指派，出差去福建闽侯县南屿林场，任务是引种湿地松小苗或种子。就在一个月前，在南屿林场召开了全国林木良种协作会议，当时国家对林木良种化非常重视。到了南屿林场说明来意，林场领导告之：今年湿地松种子共采到30多斤*，全国良种协作会议代表带走10斤，全省各地调走15斤，场里尚留10斤左右。小苗省里调去2万株，场里尚有4万～5万株，但地区革委会林业科有通知，没有他们批准不准外调。因此，他建议我去地区革委会林业科审批，林业科工作人员正在闽清县金沙公社召开全区林业工作会议，南屿林场生产组组长也在那里开会，让我去那里找他们。我在南屿林场吃了中饭，步行两小时到江口过渡回到福州，到火车站买了第二天去闽清的火车票。第二天一早从福州乘车到闽清站下车，过渡到溪口上岸，步行到闽清县政府所在地梅城。下午乘汽车到金沙公社，找到了南屿林场生产组组长黄家璇同志。他听我说明来意后，即向地区革委会林业科的领导请示。他回来说：领导说不能给。这时我真有点急了，我不能空手回去，于是我直接去找了地区革委会林业科的领导杨科长，说明杭州西湖绿化的重要意义，请他一定要帮助。当时，我还结识了莆田地区林业科许永榜同志，他是搞技术的，到过杭州，对我很支持。后来由杨科长、许技

* 1斤=500克，下同。

术员和一个地区专管湿地松种子的干部三人研究，终于同意给我们1000株小苗、1两*种子。第二天一早，我搭乘地区林业会议的汽车到溪口渡口，马不停蹄赶到南屿林场，把地区领导的批条呈给林场领导。场领导即安排工人起苗，另外还送给我们50株短叶松、3株长叶松，这两种松树也是产在美国东南部的优良树种。第二天早上，搭乘解放军的运苗车回到福州，在福州火车站办好了托运手续，顺利运到杭州，种植在植物园引种试验区。这是我知道的杭州市区第一次落地的湿地松树苗。2018年12月实测：树高已达20～22米，平均胸径45.3厘米，最大的达52.5厘米。

1974年，浙江省林业厅种苗站从国外购进了大批量湿地松、火炬松种子，分发给全省各有关地、县林业局、林科所、林场进行育苗造林。杭州植物园也分到4斤，自此湿地松、火炬松在浙江大地迅速推广，还引入城市园林绿化应用。杭州西湖山区的马尾松自1968年起遭松干蚧的严重危害，大批死亡。著名景点钱塘十八景之一的“九里云松”深受其害。1976年春，“九里云松”改种胸径8厘米的湿地松1200株（内含少数火炬松），解决了景点松树死亡的问题。2006年，也即该树种植30周年之时，我曾对“九里云松”这批改种的湿地松进行实地检测，大部分树高17～19米，胸径25～35厘米，平均31.3厘米。1999年杭州绕城公路落成，在三墩段的道侧绿化中也采用了大量湿地松。此后，其他公共绿地也相继效仿，种植遍及全市。

**园林应用：**

湿地松树干挺拔，四季常绿，抗松毛虫、松干蚧能力强，抗风，耐瘠，引入杭州后生长迅速，长势优良，可以在河滩、荒地、低山造林和城市绿化中广泛应用，尤其在湖泊、池塘、湿地周边生长最佳。

**其他用途：**

湿地松木材较硬，纹理直，结构粗，强度性能好，出材率高，可作建筑、枕木、坑木等用材，也是造纸的优良材料。松脂质量好，产量高，具重要经济价值。

**繁殖方法：**

用播种繁殖。球果9月下旬成熟，要及时采收。种子千粒重33克，翌年早春播种，出苗时要慎防鸟啄食。

* 1两=50克，下同。

## 附：火炬松 *Pinus taeda*

原产美国东南部及南部，与湿地松分布区重叠但更大。松科松属常绿大乔木，通常树高30～36米，胸径60～90厘米。在原产地偶尔高达54米，胸径2米，树皮红棕色。火炬松与湿地松几乎是同时间引入我国的。两者的区别是：火炬松是3针一束，稀有2针或4针一束；湿地松为2针一束，偶有3针一束。火炬松具有生长快、树干直、抗松干蚧、出材率高等优点，具有重要栽培价值。从两者在杭州的生长情况看，在平原水网地区湿地松生长较好，在海拔稍高的低山丘陵地区则火炬松生长更速，二者材质相似，可择地栽植。

## 4. 日本五针松 *Pinus parviflora*

松科　松属

**形态特征：**

常绿乔木，高可达25米以上，胸径可达1米。树皮暗灰色，裂成鳞状块片脱落。针叶5针一束，微弯曲，长3.5～5.5厘米。边缘具细锯齿，背面暗绿色，无气孔线，腹面每侧有3～6条灰白色气孔线。球果卵圆形或卵状椭圆形，长4～7.5厘米，径3.5～4.5厘米，种子为不规则倒卵圆形，近褐色，具黑色斑纹，长8～10毫米，径约7毫米，种翅宽6～8毫米，连种子长1.8～2厘米。

**地理分布：**

原产日本北海道、本州、四国、九州海拔100～1800米的山地，韩国济州岛也有分布。

**引种评估：**

杭州引种日本五针松的历史已经很久。据杭州古树名木调查记录，杭州最老的日本五针松位于三潭印月茶室西北侧，树龄逾140年，现树高约4米，地径24厘米，冠幅7米。稍小一些的日本五针松则在较老的公园、风景点、高级宾馆、私人庭院内经常可见。

**园林应用：**

经长期人工栽培，现有30多个栽培品种。我国长江流域各城市及青岛等地引种栽培的均为短叶五针松，叶短，生长慢，供庭园观赏和制作盆景用。浙派盆景大师擅长用日本五针松制作盆景，小中见大，气势恢弘，在国内外颇有名气。

**繁殖方法：**

日本五针松在我国虽能正常生长，但开花结实不正常，种子常为瘪粒，故采用嫁接繁殖。以黑松作砧木成活率高，接口愈合好，最为理想，其他松砧均不如黑松。嫁接苗树形紧密，分枝多，更适合造型和制作盆景。

日本五针松盆景："向天涯"（上图）、"明月松间照"（下图）
中国盆景艺术大师胡乐国先生创作

## 5. 黑松 *Pinus thunbergii*

松科　松属

**形态特征：**

常绿乔木，高达30米，胸径2米。幼树树皮暗灰色，老则灰黑色，粗厚，裂成块片脱落。针叶2针一束，深绿色，有光泽，粗硬，长6～12厘米，边缘有细锯齿，背腹面均有气孔线。雄球花淡红褐色，圆柱形，长1.5～2厘米，聚生于新枝下部；雌球花单生或2～3个聚生于新枝近顶端，直立，有梗，卵圆形，淡紫红色或淡褐红色。球果成熟前绿色，熟时褐色，圆锥状卵圆形或卵圆形，长4～6厘米，径3～4厘米。种子倒卵状椭圆形，连翅长1.5～1.8厘米，种翅灰褐色，有深色条纹。

**地理分布：**

黑松分布于日本本州、四国、九州及韩国南部，垂直分布从海平面起至海拔900米，在海岸沙地生长良好。

**引种评估：**

我国辽宁、山东、江苏、浙江、台湾等沿海各地都有引种栽培。浙江省引种黑松约在20世纪初，主要种植在宁波、舟山的海滩沙地及沿海低山丘陵，在当地绿化造林中发挥了重要作用。对海风海雾抗性强，耐干燥、盐碱、瘠薄土壤。黑松易受松干蚧、松毛虫和松树线虫病的危害，需注意防治。

**园林应用：**

杭州栽培的黑松不多，主要用于公园、庭园配景和制作盆景，如花港公园牡丹亭前的那株黑松，经人工造型，姿态潇洒，似龙飞凤舞，深得人爱。

**繁殖方法：**

用播种繁殖。球果10～11月成熟，采后置阳光下暴晒，每天翻动数次，果鳞开裂种子脱出，取净后袋藏过冬。球果出籽率3%左右，千粒重16～20克。翌年2～3月播种。1～2年生小苗是嫁接日本五针松最优良的砧木，愈合好，成活率高，后期生长健旺。

## 6. 日本柳杉 *Cryptomeria japonica*

*杉科　柳杉属*

**形态特征：**

常绿大乔木，通常高40米，最高可达60余米，胸径2～5米。树皮红褐色，纤维状，裂成条片状脱落。叶钻形，长0.4～2厘米，四面有气孔线。雄球花长椭圆形或圆柱形，长约7毫米，径2.5毫米，雄蕊有4～5花药，药隔三角状；雌球花圆球形；球果近球形，径1.5～2.5厘米；种鳞20～30枚。种子棕褐色，椭圆形或不规则多角形，边缘有窄翅。花期4月，球果10月成熟。

**地理分布：**

原产日本，从北海道青森县起南到九州屋久岛均有分布，垂直分布从沿海平原到1800米高山，是日本最主要的用材树种。

**引种评估：**

我国引种日本柳杉始于20世纪初，1918年庐山已引进日本柳杉栽培。20世纪50年代后，全国许多地区到庐山引种日本柳杉；杭州植物园1958年从庐山引进小苗试栽，同时引进的还有'猴爪杉'、'短丛'柳杉、'千头'柳杉等其园艺品种。经观察，在低海拔平原地区日本柳杉的适应性较柳杉为强，生长相对较好。

**园林应用：**

在日本已培育出不少无性系品种，其抗寒、抗旱、抗雪压等特性均不相同，可以适应不同地区栽培。同时培育出不少供观赏的园艺品种，如'猴爪杉'（'短叶'柳杉）、'圆头'柳杉、'千头'柳杉、'鳞叶'柳杉等。日本柳杉与柳杉的主要区别在于叶直伸，先端通常不内曲，球果较大，而柳杉叶先端向内弯曲，球果较小。

**其他用途：**

日本柳杉生长快，干形直，木材品质较好，树形优美，并能吸收二氧化硫有毒气体。据日本1972年测定：每公顷柳杉林每月能吸收二氧化硫60千克，对净化空气有重要价值。目前已成为我国中亚热带和北亚热带地区重要的造林树种之一，在城市周边或城市内公共绿地种植日本柳杉，兼有生态环境保护之效。其园艺品种主要用于公园、庭园、宾馆等处配景，供观赏。

**繁殖方法：**

用播种和扦插繁殖。

杭州已可采到孕育种子。种子千粒重3.1～3.4克，发芽率20%～50%。播种时间以3月中、下旬为宜，2～3周开始发芽。出土后揭去覆草，如遇强日光，苗床要适度遮阴，并及时间苗2～3次。

扦插主要用于园艺品种和有抗雪压等特性的无性系品种的繁殖，在春季用硬枝扦插或梅雨季用半成熟枝扦插均可进行。

## 7. 北美红杉 *Sequoia sempervirens*

杉科　北美红杉属

**形态特征：**

巨大常绿乔木，在原产地通常高40～80米，最高达110米，胸径8米。树皮红褐色，纵裂。主枝之叶卵状矩圆形，长约6毫米；侧枝之叶条形，长8～20毫米，先端急尖，基部扭转排成2列，无柄，上面深绿或亮绿色，下面有2条白粉气孔带，中脉明显。雄球花卵形，长1.5～2毫米。球果卵状椭圆形或卵圆形，长2～2.5厘米，径1.2～1.5厘米，淡红褐色；种鳞盾形，顶部有凹槽，中央有一小尖头。种子椭圆状矩圆形，长约1.5毫米，淡褐色，两侧有翅。

**地理分布：**

原产美国西部太平洋沿岸，仅在从俄勒冈州南部到加利福尼亚州中部长720千米、宽8～56千米的狭长地带有分布，垂直分布从海平面起至海拔915米处，多数生长于海拔30～760米。这个地区受太平洋雾气的影响，空气潮湿，年降水量640～3100毫米，多为冬季降水，通常1月最湿，8月最干，属地中海型气候。寿命很长，最老的树已近2200年。

**引种评估：**

1972年2月，美国总统尼克松访华，赠送我国1株北美红杉、3株北美巨杉作为国礼。据说在尼克松临行前，对送什么礼物给中国还颇费了一番心思，最后接受了基辛格的意见。基辛格说：总统先生的家乡加利福尼亚州生长着世界最宏伟高大的红杉和巨杉树，其他礼物送去，随着岁月的磨砺会逐渐消失，无人知晓，如果将这两种树作为礼物送给中国，它们就会在中国雄伟地生长，永远不会消失，象征着中美两国的友谊地久天长。尼克松一听，对呀，这两种树是我家乡的特产，更有意义呀！于是就这样定了下来。

1972年2月24日上午我接到杭州植物园领导的通知，叫我下午去花港公园接收尼克松送来的礼品树。尼克松送给我国的礼品树是1株红杉树和3株巨杉树，大约是23日到达上海的，当时种在哪里还没有确定。据说也有人主张种在青岛，后来周恩来总理征求了中国林业科学研究院吴中仑教授的意见，最后决定种在杭州。于是由上海方面派专车护送到杭州，卸在杭州饭店，也就是现在的香格里拉饭店，然后由花港公园的同志接收到花港公园。后来又为什么要杭州植物园去接收呢？这原因不是很清楚，我估计当初是准备种在花港公园的，后考虑到花港公园人多、复杂，为了安全，也为了今后精细的管理护育，才最后决定种到杭州植物园的。如果不是这样，杭州饭店离杭州植物园很近，可以直接送到杭州植物园，何必到花港去转一圈呢？

我接到通知后，下午由陈师傅开一辆三轮货车，我又叫了一个青年一起去花港。那天天气晴朗，我们是从西山路去的，也就是现在的杨公堤。车到了花港公园的办公室，当时花港公园的办公室是在公园内的蒋庄，我们看到天井里1株红杉和2株巨杉都已上好盆了。花港公园的同志告诉我们：美国来的时候，这些树是种在松木箍桶里的，箍是很宽很厚的黄铜做的，很结实，在杭州饭店换了盆，为什么要换盆他们也不知道，只知道是上面领导指示的，那几个木桶都留在杭州饭店了。我们也没有办什么手续，花港公园的同志帮我们一起将三盆树搬上了车，并告诉我们另一株巨杉已经种到公园里去了，也是领导指示的。

我们的车慢慢驶出公园，仍走西山路回杭州植物园。车一到公路上，车速就快了，车一快就来风了。红杉树比较高，梢头就往后倾，我怕它折断，一边用双手紧紧护着梢头，一边叫陈师傅车子开慢点稳点。车开到植物园的分类植物区工具房前，我们将三盆苗木搬进工具房内，因种植地点还未确定，暂先放在房子里。过了一会儿，园领导就来看了，局领导也派人来看了，他们是来检查苗木情况的，他们看了以后还要向上级领导汇报的。临走时嘱咐我们晚上要派人值班，防止有人破坏。这时我才恍然感觉到，这几株树真不是一般的树。我开始有点害怕起来，如果在回来的路上树梢被风折断了，在那个抓阶级斗争的年代，很容易被扣上故意破坏的帽子。我庆幸树梢没有折断，也感谢陈师傅车子开得稳。此后我做事也就细心多了，当天晚上我就派人值班巡逻，确保苗木安全。

第二天园领导召集植物园技术干部、技工一起研究种植地点，最后决定就种在工具房左侧。理出一块地来，这里离工具房近，便于监视管理，比较安全。在种植前，我们对苗木进行了测量，红杉高2.4米，基径3.5厘米，估计为3年生实生苗。巨杉比较矮胖，没有明显顶梢，高1.5米左右。我们在脱盆种植时，发现它的泥球是新起掘的，说明它原来是地栽的，不是传统的盆栽苗，是在来中国前才起掘上盆的。尼克松是2月26日中午到达杭州的，本来说要来杭州植物园看红杉和巨杉，但最终因时间来不及没有来。

为了给红杉、巨杉创造良好的生长环境，我们在夏季高温来临前用钢材建起了高架阴棚，上面盖了芦帘（当时还没有遮光网），可以调节光照，又装了纺织厂用的喷雾器，因为美国有句谚语叫“哪里云雾遮，哪里红杉长”，说明红杉需要湿润环境，我们用喷雾来制造人工云雾，尽量模仿原产地的生态环境。但是这两种树总还是水土不服，尤其是巨杉更是疾病缠身。我们请来了浙江农业大学植保系的教授前来会诊，诊断红杉为叶斑病，巨杉是灰霉病、炭疽病，分别喷了药水，但效果不明显。红杉病较轻，仍能继续生长，两株巨杉病较重，生长受阻，在与不适的环境和病害苦苦抗争数年之后，于1976年和1978年先后死亡。红杉虽然长势不是很好，但依然能发芽抽梢生长，到1979年高4.64米，胸径8.53厘米，年平均高生长量0.33米，不算快。1975年杭州植物园兴建友谊园，把世界各国送给我国的树种都搬迁到友谊园里，尼克松送来的红杉树也移种到了友谊园。但还是因为气候不适的原因生长不是很好，根系发育不全，在1988年8月8日的强台风中被吹倒，扶起后生长更加衰弱，最终逐渐死亡。

幸运的是，杭州植物园在红杉树进园之初，就对它进行了扦插繁殖试验。还是在1972年3月，即红杉树进园的第二个月，当时植物园技术级别最高的六级技工朱和卿师傅，在得到园领导同意后，在这株红杉树上剪了4～5支插穗，扦插在温室的沙床里。一个月后生根，并开始发芽生长，扦插取得了成功。到6～7月的时候，又取嫩枝20来支进行扦插，也全部成活。第二年春天把这些扦插成活的小苗移种到圃地上进行精细培育，以后除在母树上取少量插穗外，就在这些小苗上取穗扦插，如此反复，到1975年底，累计扦插成活5000余株，提供全国18个省（自治区、直辖市）89个单位进行引种试验。当时最大的扦插苗都留在自己园里，在尼克松送的红杉树移到友谊园去的时候，就在原处种上了一株最早扦插成活的红杉。这株红杉树2018年12月实测：胸径已达41厘米，树高15米左右，基部有很多萌蘖，长势不算很好。1993年，退位后的尼克松还专门到杭州来看望他赠送的红杉树，就在这树下与杭州市园林文物局局长施奠东先生和杭州植物园主任俞志洲合影留念。

杭州夏秋季的高温、强光、干燥是导致红杉生长不

良的主要原因。杭州夏季没有云雾，阳光强烈，空气干燥，持续高温，这与它原产地的环境截然不同，很多株红杉树在树高14～15米时出现枯顶衰老，说明了它对新环境的不适，也说明了要改变它几千万年形成的习性是不容易的。北美红杉树作为美国前总统尼克松送给我国的国家礼品树，具有重要的政治意义，应尽一切努力加强抚育，决不能让北美红杉在杭州消失。对于植物园、林业科学院及大专院校等科研单位来说应继续进行驯化研究，以期培育出适应杭州气候的栽培品种。但目前一般的公共绿地暂时不宜推广应用，因为难以形成优美健康的树姿，也就达不到理想的观赏效果。

浙江也有比较适宜北美红杉生长的地方，舟山、台州等海岛及沿海地区、新安江水库周边地区、浙江南部高山地区种植的红杉，都比杭州生长得好，年高生长量可达1米以上。2016年我在台州大鹿岛旅游时，看到了一块红杉树景点的指示牌。按指示方向寻去，果然看到一株很大的红杉树，这是他们很早前种下的，苗源就是杭州植物园扦插成活的小苗，树旁还有一块大理石的说明牌，成为了当地的一个景点。此外，在浙江景宁草鱼塘森林公园（海拔1000～1200米）也有红杉树的展示。一株红杉树，一个树种即为一个景点，实在太好了。

**其他用途：**

北美红杉木材品质优良，材质坚韧，不翘不裂，是建筑、室内装饰、家具及造船的优良木材。

**繁殖方法：**

扦插繁殖。

## 8. 日本扁柏 *Chamaecyparis obtusa*

柏科　扁柏属

**形态特征：**

常绿大乔木，在原产地高可达40米，胸径可达1.5米，树冠呈尖塔形。树皮红褐色，光滑，裂成薄片脱落。鳞叶肥厚，先端钝，绿色，背部具纵脊。雄球花椭圆形，长约3毫米，花药黄色。球果圆球形，径8～10毫米，熟时红褐色；种鳞4对，顶部五角形，有小尖头；种子近圆形，长2.6～3毫米，两侧有窄翅。花期4月，球果10～11月成熟。

**地理分布：**

原产日本本州、四国、九州（北纬30°～37°10′），垂直分布最低处海拔仅10米，最高处海拔达2200米，多数生于海拔400～1000米山地。是日本主要的人工造林树种之一。

**引种评估：**

我国庐山植物园于20世纪20年代开始引种日本扁柏，在庐山生长良好，并能正常开花结实。中华人民共和国成立后，长江中下游各地及河南、山东均曾去庐山引种。

杭州植物园于1957年引进日本扁柏，同年引进的还有日本扁柏的4个园艺品种——‘云片柏’、‘洒金云片柏’、‘孔雀柏’、‘洒金孔雀柏’。这些园艺品种是从奉化三十六湾村花农处购买的，但日本扁柏来自庐山还是奉化三十六湾村已难以定论。奉化三十六湾村是四明山区的一个偏僻山村，哪来的‘云片柏’、‘孔雀柏’等这些日本的名贵花木？我也曾经有过疑惑，但后来看了《花经》以后，得知创建于1909年的上海黄园在当时已经从日本引进‘云片柏’（书中称‘云头柏’）、‘洒金孔雀柏’（书中称‘黄金孔雀柏’）[①]等园艺品种。而黄园的创始人黄岳渊先生正是浙江奉化人，我猜想一定是他把‘云片柏’等品种带到家乡奉化的，并教给乡亲们繁殖栽培方法。由于环境适宜，这些品种在三十六湾村生长良好并繁殖发展起来，成为当地的一个产业，很多人依靠经营花木谋生。1957年杭州植物园建园初期，正在收集各种植物品种，而当时负责收集苗木品种的贺贤育工程师也是奉化人，对奉化的苗木资源十分了解，自然不会忘记三十六湾村的‘云片柏’、‘孔雀柏’等极具观赏性的品种，并一起购来种植在杭州植物园的植物分类区。这个猜想在我后来看到的《高山上的花园村——三十六湾村简史》一书中得到了印证，该书是三十六湾村村民傅苗良编著，内容详实，书中讲到：“村民傅福如嫁接五针松的接穗源自上海黄家花园，创办人是奉化黄家塆人黄岳渊……傅福如一直以来与黄园有业务往来，既有乡情，更有友情，他提出要求在五针松盆景中剪几个接穗，黄先生亲自动手选剪了三个接穗相赠，虽然只接活一株，但他精心培育，第一株五针松母树就这样在三十六湾诞生了……他还从上海黄园引进了日本樱花……还先后引进的柏树类有‘孔雀柏’、‘黄云柏’、‘青云柏’、‘青凤尾柏’、‘黄凤尾柏’、‘绒柏’、‘米针柏’，这些柏树都可扦插培育……‘孔雀柏’、‘黄云柏’枝片黄色，树形优美，在当时热销各地。”书中还提到傅福如“非常重视儿子的教育，他培养大儿子傅华良进入武岭学校农职部，在贺贤育老师的园艺班就读”[②]。贺先生也多次到傅家苗圃作客，“利用他的学识提出了很多发展思路”[③]，被三十六湾人称为良师益友。

**园林应用：**

经过多年的观察，日本扁柏虽然没有在高海拔地区生长优良（与景宁草鱼塘林场、遂昌桂洋林场海拔1100米引种的日本扁柏相比），但尚能忍耐杭州的高温天气，没有出现日灼及焦叶情况，其小枝分布匀称，树姿呈宝塔形，叶色翠绿，尚称优美，可在杭州园林绿地尤其是西湖山区景点推广应用。

云片柏等园艺品种则抗性较弱，对夏季烈日、高温、干燥天气极为不适，出现焦叶、枯枝、衰老直至死亡。因此，对上述园艺品种必须选择蔽荫、空气湿润的小环境，并备加抚育，才能收到良好的观赏效果。

**其他用途：**

日本扁柏是优良的用材树种和绿化树种，材质坚韧、耐腐，心材芳香而有光泽。对二氧化硫有较强抗性，是山区造林和工厂绿化的优良树种。能耐干旱、瘠薄土壤及-14～-16℃低温，但在温暖湿润处生长最佳。

**繁殖方法：**

用播种和扦插繁殖。10月中下旬球果成熟，采后摊晒脱粒取净，出籽率8%～11%，种子千粒重2～2.5克，干藏。翌年3月播种，发芽率25%～40%。出苗后要注意遮阴，尤其在高温季节，更要注意抗旱。

扦插在4月间进行，成活率与母树年龄有密切关系，要选年轻的母树，剪取1～2年生健壮枝条作插穗，插后要随时遮阴，保持床土湿润，一般40～50天即可生根，成活率可达70%～90%，当年扦插苗高可达16厘米。

① 黄岳渊、黄德邻合著：《花经》，上海：上海书店1985年版（正文据新纪元出版社1949年版复印），第220、224页。
② 傅苗良著：《高山上的花园村：三十六湾村简史》，中国雪窦山，2018年版，第55、56、54页。
③ 傅苗良著：《高山上的花园村：三十六湾村简史》，中国雪窦山，2018年版，第60页。

## 9. 日本花柏 *Chamaecyparis pisifera*

柏科　扁柏属

**形态特征：**

常绿大乔木，原产地可高达50米，胸径可达100厘米。树冠尖塔形，树干直，尖削度小。树皮红褐色，裂成薄皮脱落；鳞叶先端锐尖，小枝上面中央之叶深绿色，下面之叶有明显的白粉。球果圆球形，径约6毫米，熟时暗褐色；种鳞5～6对，顶部中央稍凹，有凸起的小尖头，发育的种鳞各有1～2粒种子；种子三角状卵圆形，有棱脊，两侧有宽翅，径2～3毫米。

**地理分布：**

原产日本本州和九州（北纬32°40′～39°32′），垂直分布海拔110～1700米，最高达2590米，常与日本扁柏混生。喜温暖湿润气候和土层深厚的砂质土壤，是日本主要的造林树种之一。

**引种评估：**

杭州植物园于1957年在植物分类区种植了数株日本花柏和数株其园艺品种，苗源也是从奉化三十六湾村购入。日本花柏的高生长比日本扁柏快，但对高温、烈日、干燥的抗性较弱，在没有蔽荫的空旷地区，西侧树皮多受日灼。其园艺品种抗性更弱，因此在杭州城市绿化中必须选择空气湿润的小环境，或西侧有蔽荫的地方。

浙江省景宁林场于1970年从庐山植物园引种日本花柏小苗，种植于草鱼塘分场（海拔1150米），生长正常，抗寒、抗风、抗雪性强。13年生高6.9米，胸径10.96厘米，引种取得良好成效，为浙江省在中高山地区推广造林提供了依据。

**园林应用：**

其园艺品种多达60种，引入杭州的主要有凤尾柏、银斑凤尾柏、线柏、金线柏、绒柏、卡柏等数种，皆为优良的庭园观赏树种。日本花柏的引种历史基本上与日本扁柏一致，最早也是庐山植物园于20世纪20年代从日本引进，在庐山生长良好，后逐步推广到长江中下游各地。

**其他用途：**

日本花柏最有价值的是中高山造林，其木材通直，坚韧耐用，可作建筑、桥梁、造船、车辆、家具等用材。木材富有纤维，为造纸的上好材料。

## 10. 龙柏 *Sabina chinensis* 'Kaizuka'

柏科　桧柏属

**形态特征：**

又名“绕龙柏”。干直立，树冠窄圆柱状塔形，大枝常扭旋向上，小枝密生。叶皆为鳞叶（个别树冠下部有时出现少数刺叶），叶色黛绿，四季不变，形色皆美。

**地理分布：**

原产日本。

**引种评估：**

龙柏早年引入我国。据杭州市古树名木调查资料记载，在吴山十二生肖北坡上有一株树龄600余年的龙柏，树高10米，胸围189厘米，算来这株龙柏在明朝前期就种在那里了，而且一直生活至今。对于这株树的来历已无处可知，但它的身份确是龙柏无误。我想这仅是一株个案，种树人或是来往于中日之间的商人、官员、学者或是僧人。

近代，龙柏在我国长江流域及华北各大城市园林中栽培甚广，杭州栽培的龙柏多自上海购入，《花经》一书记载了上海黄园栽培龙柏的情况：“原产于日本，又名‘绕龙柏’，因其苗生之新枝，屈曲盘旋，皆向上绕生；抵抗力甚强，移植也易，好肥沃，喜潮湿；叶色黛绿，四季不变，干直，叶密生无刺，为其特长，庭园中之尤物也。整姿之形不一，若有少数之强枝，向外或向上生长突速者，当于四月至八月间，行以摘心，务使其生长维持均匀，则自然之姿态更增美观矣。繁殖法有扦插、嫁接与播子三种。……其中以嫁接者最佳，子播者次之，扦插者更次之。”[1]可见当时黄园对龙柏的习性、管理和繁殖方法都已有深入的了解和研究，其法一直延用至今。

**园林应用：**

龙柏除培育成乔形外，还可截干培养成球形，称“龙柏球”，球径可达1米以上，在公园、庭园及道路绿化中应用甚多。

① 黄岳渊、黄德邻合著：《花经》，上海书店1985年版，第219-220页。

## 11.广玉兰 *Magnolia grandiflora*

木兰科　木兰属

**形态特征：**

常绿乔木，在原产地可高达30米，胸径可达1.5米，树姿端整，树冠呈宽圆锥形。叶厚革质，椭圆形或倒卵状椭圆形，长14～20厘米，宽7～10厘米，全缘，表面亮绿，背面密被锈色短绒毛。花单生于枝顶，形大，色白，宛如荷花，芳香馥郁。被誉为美国森林中最华丽的观赏树种。

**地理分布：**

原产美国东南部，自北卡罗来纳州东南部起，沿大西洋海岸向南到佛罗里达州中北部，向西沿墨西哥湾到得克萨斯州东部，自然分布区南北狭、东西宽。垂直分布低于海拔160米，在60米以下的河谷地带分布最多。分布区气候温暖湿润，年平均温度16.2～27.0℃，最冷月平均温度10～11℃，年降水量1100～2000毫米。

**引种评估：**

广玉兰约在20世纪初或更早引入我国。根据杭州市园林文物局2002年对全市古树名木调查的汇总资料来看，杭州共有100年以上树龄的广玉兰12株，其中最年长一株170年，位于北山路一私人宅院内。如此算来这株广玉兰是在1832年前后就已种植在那里了。对于它的来历现在无人知晓，或许当时宅院的主人是留美学生或学者，在美国看到广玉兰时，对它十分喜爱，遂随身带回一株种在自家宅院内，以供观赏。这只是猜想。不过建于1909年的位于现花港公园内的蒋庄庭前，现存有两株广玉兰也已有100多年的历史了，现树高分别为19米和17米，胸径125厘米和95.5厘米，树冠16米。由于西湖边地下水位较高，主根无法深入土层，侧根则盘根错节扎于地表，可见它适生能力之强。

**园林应用：**

广玉兰是杭州人喜爱的绿化树种之一，广泛用于公

园、庭园、车站、院校及街道小区等地绿化。性喜肥沃、湿润、排水良好的微酸性及中性土壤，喜光，对烟尘及二氧化硫气体有较强抗性。

**繁殖方法：**

广玉兰在杭州早已开花结实，但人们仍喜欢用嫁接繁殖，取其树形紧密，叶厚色浓，花大香郁。嫁接时间在杭州以3月中、下旬为宜，此时气温转暖，砧木即将萌动或已经萌动，而接穗尚处于休眠状态，故嫁接的成活率较高。砧木以玉兰1～2年生实生苗最佳。方法用切接。

用播种繁殖也很容易，但实生苗树形松散，叶较薄，表面淡绿色，背面无锈色毛，花少，观赏效果不如嫁接苗，这是广玉兰实生苗未成年前的形态特征。10余年后，叶形逐渐向倒卵形、椭圆形过渡，叶背由少到多出现锈色绒毛，叶表面色泽转浓，质变厚，呈现出成年树所固有的特征。

广玉兰还有一个变种——狭叶广玉兰*Magnolia grandiflora* var. *lanceolata*，约与广玉兰同期传入中国，与原种的区别在于本种叶片长椭圆形或椭圆状披针形，与原种叶片椭圆形或倒卵状椭圆形不同。习性等与广玉兰同。在杭州也有栽培，位于灵峰原寺院门前的两株狭叶广玉兰，在2019年4月实测时，树高15米，胸径分别为83厘米和52.6厘米，是目前杭州所见树龄较长且长势良好的狭叶广玉兰。

## 12. 银荆 *Acacia dealbata*

豆科　金合欢属

**形态特征：**

常绿乔木，高达25米。树皮灰绿色或灰色，小枝具棱角。二回偶数羽状复叶，小叶线形，银灰色或浅灰蓝色，被短绒毛。头状花序，具小花30～40朵，组成腋生总状花序，花黄色，有香气。荚果长带形，果皮暗褐色，密被绒毛。种子卵圆形，黑色，有光泽。

**地理分布：**

原产澳大利亚东南部的新南威尔士州、维多利亚州、南澳大利亚州及塔斯马尼亚岛，垂直分布从沿海平原到海拔1070米的莫纳罗高原。银荆树在原产地寿命不长，15～20年，是林地更新的先锋树种。

**引种评估：**

我国引种银荆树始于20世纪50年代。最初，由爱国华侨带入种子，在广东、广西、福建试种，早期生长迅速，耐干旱瘠薄，固土保水力强，一般7年生树高达10米左右，胸径10～15厘米，即可采伐利用。树皮含单宁，是世界著名的栲胶原料；木材可作家具、农具、坑木、地板等用，且燃烧性强，为优良薪材。由于银荆树具有生长快、经济价值高等优点，受到林业部领导的重视，在20世纪50年代末和60年代初，从澳大利亚、日本、荷兰购进了一批种子，在我国南方各地扩大试种，并广泛用于荒山造林。

杭州钱江路等道路都曾用银荆树作绿化材料，初期生长不错，但后来在上海、杭州等地均出现木腐病的危害。发病初期树皮变黑、开裂、渗胶，最后根茎部木质部组织腐烂，全株死亡，群众称它为“剖肚皮病”，目前病源不清。杭州发病率较高，可能与杭州冬季的低温霜冻致使树皮冻伤有关。目前杭州、上海等城市的银荆树已基本淘汰。在此病解决之前，银荆树不宜在杭州绿地推广种植。

**园林应用：**

银荆树优美的树形和独特的叶色也受到了园林界的青睐，在适生地区可在园林绿化中推广试栽。

## 13. 日本女贞 *Ligustrum japonicum*

木犀科　女贞属

**形态特征：**

常绿小乔木或灌木，高3米，偶尔可达6米。单叶对生，宽卵形至卵状长椭圆形，近厚革质，长4～10厘米，先端短尖，基部圆形。圆锥花序顶生，长6～15厘米，花乳白色。核果黑色球形。花期5月，果熟期9月下旬至10月。

**地理分布：**

原产日本本州各地以及九州和小笠原群岛。

**引种评估：**

20世纪初引入我国，初在青岛、南京、上海等地栽培，后渐向山东、江苏、浙江、福建、河南等地扩展，杭州有栽培。日本女贞性喜温暖湿润气候，喜阳而耐半阴，土壤pH5.6～8.8均可适应。从北京的试种情况看，其抗寒性较强，有望在北方推广。

**园林应用：**

日本女贞在园林中作中下层常绿灌木或小乔木配置，可孤植、丛植，也可列植或作绿篱，也可培植成球形，适用于公园、庭园、道路、河畔等处绿化观赏。

**繁殖方法：**

用播种和扦插繁殖。

## 14. 油橄榄 *Olea europaea*

木樨科 橄榄属

**形态特征：**

常绿小乔木，高可达10米，新枝灰绿色，较柔软。叶对生，窄椭圆形、窄卵状披针形或披针形，质地厚，叶面暗绿色，背面灰白色。圆锥状聚伞花序，由8～25朵黄白色小花组成。核果球形，卵圆形或椭圆形，大小因品种不同而有差异，未熟时绿色，成熟时紫黑色，果肉富含油脂。

**地理分布：**

原产小亚细亚。远在古代，先后由腓尼基人、希腊人和罗马人将油橄榄传播到地中海地区，沿岸各地都有栽种，西班牙、意大利是世界最大的油橄榄生产国。

**引种评估：**

我国引种油橄榄也有悠久的历史，据唐《酉阳杂俎》中记载："齐暾树出波斯国，亦出拂林国……子似杨桃，五月熟，西域人压为油，以煮饼果，如中国之用巨胜也。"①齐暾树即油橄榄，可见传入我国已有1100多年之久了。

中华人民共和国成立后，我国对油橄榄的引种试栽十分重视。1960年代正式纳入国家计划，并采用油橄榄这个名称。1964年从阿尔巴尼亚引进'佛奥'等5个品种10000株，由林业部和中国林业科学研究院分别在云、贵、川、鄂、苏、浙等地试种，位于杭州富阳的中国亚热带林业研究所正式接受国家任务，进行了大量深入研究，杭州植物园也进行了引种驯化试验，但因油橄榄适生的地中海型气候与杭州的中亚热带季风气候有着太多的不同，虽然经多方努力，但雨量过多、日照不足等大环境无法改变，最后因生长不良，病虫害等原因而淘汰。

油橄榄虽然在杭州不适种植，但我国幅员辽阔。据报道，在我国中西部地区的四川、陕西、湖北、云南等地生长较好，在陕西城固有连续6年平均亩产达420千克果实，折油84千克的记录，在云南林科所一株精心培育的油橄榄'佛奥'（品种名）创单产143.5千克的记录②，说明油橄榄在我国仍有适生之处。

油橄榄油是一种优质食用油，易被人体消化吸收，营养价值高，主要成分是不饱和脂肪酸，几乎不含胆固醇，并含有多种维生素。适于高血压及心血管疾病患者食用。但愿油橄榄在我国中西部地区茁壮成长，造福全国人民。

①（唐）段成式：《酉阳杂俎》卷十八，济南：齐鲁书社2007年版，第129页。

②潘志刚、游应天著：《中国主要外来树种引种栽培》，北京科学技术出版社1994年版，第650页。

# ㊁ 落叶乔木

## 1. 池杉 *Taxodium distichum* var. *imbricatum*

杉科　落羽杉属

**形态特征：**

落叶乔木，高可达25米，胸径可达1.5米，树干基部膨大，通常有膝状呼吸根。树皮褐色，纵裂，呈长条片脱落；叶钻形，微内曲，在枝上螺旋状伸展，长4～10毫米；球果圆球形或矩圆状球形，有短梗，向下斜垂，熟时褐黄色，长2～4厘米，径1.8～3厘米；种鳞木质，盾形，中部种鳞高1.5～2厘米；种子不规则三角形，微扁，红褐色，长1.3～1.8厘米，宽0.5～1.1厘米，边缘有锐脊。花期3～4月，球果10月成熟。

**地理分布：**

原产美国东南部沼泽地区，生长在沿海平原的浅池塘和排水不良的低洼土地，常与湿地松、晚松、落羽杉等伴生。

**引种评估：**

池杉于1917年引到南京，1921年引入河南鸡公山林场，1931年引入南通、武汉，1947年引入杭州。当时浙江农业大学在华家池校区建小型植物园，在园内水池边种了10余株池杉，这是杭州最早引进的池杉。这批池杉2007年实测：平均胸径45.6厘米，树很高，目测约20米以上。

杭州植物园1957年从南京引进3年生小苗，种植在植物分类区，长势良好。2018年12月实测：树高约19米（目测），平均胸径54厘米，最大60.7厘米。这批池杉1965年开始开花，但结实很少，1970年后产量大增，每年可收100余斤种子。最初两年播种，发芽率很低，出苗也不整齐。后来杭州植物园贺贤育工程师提出用清水浸种处理，他认为池杉种皮厚，可能有一种抑制物质影响种子发芽，提议用清水浸种数周，去除抑制物质，可能发芽会好些。我们按照他的办法，将种子放在木桶里，用清水浸种，前两周每天换一次水，以后每两天换一次水。浸种一个半月后播种，果然出苗非常整齐，2～3天就出齐了，出苗率也大幅提高，池杉育苗取得了重大突破。

当时杭州植物园每年播池杉1～2亩，每亩出苗约3万株，当年苗高约80厘米。那时候，全国正在大力提倡四旁绿化（宅旁、村旁、路旁、水旁），作为美化环境、改善生活条件和解决农村用材的重要措施，特别是平原水网地区对池杉、水杉的需求量很大。杭州植物园培育的池杉苗，不仅有力支持了杭嘉湖地区的绿化，还有一部分支援邻近省市。印象最深的是上海绿化部门到杭州采购池杉苗，当时杭州植物园因业务扩展，很需要有一辆装货的汽车，与上海的同志商量：我们池杉苗卖给你们，你们能不能帮我们买辆小货车。因为当时杭州买车非常困难。上海的同志说：可以考虑。后来他们回复说：与领导商量后可以采取交换方式，我们给上海3万株池杉壮苗，上海给我们一辆四轮小货车。3万株池杉苗换来了一辆汽车，大家甚是高兴。这辆汽车在以后数年中，对杭州植物园也真的发挥了很大的作用。

池杉耐湿性极强，能久耐水淹。临安青山水库有一片池杉林，长期长在水中，却仍然生长旺盛，展现了林在水中、水在林中，船在林中游，鸟在树上鸣的意境，成为青山湖旅游的一个亮点。

池杉性喜阳，不耐蔽荫，能耐-17℃短期低温，抗风力强。喜土层深厚、肥沃、疏松、呈酸性和微酸性的土壤，在pH7以上地区生长受阻。还有一定的耐旱性，其耐旱性比水杉、杉木还要强。

**园林应用：**

与水杉的雄伟不同，池杉主干端直，分枝匀称，冠幅窄，叶色翠绿，姿态比较清秀，在园林景观上自成一格，是城市河道两岸、湖泊、水库、池塘周边、道路两旁及公园等地绿化的优良树种。

**其他用途：**

池杉木材硬度适中，耐腐力较强，不易翘裂，可供建筑、船舶、车辆、家具等使用。

**繁殖方法：**

池杉主要采用播种繁殖，也可以采用扦插繁殖，但母本必须是幼龄树，且比较费工费时，在种子充裕的情况下已很少采用扦插繁殖。

## 2. 落羽杉 *Taxodium distichum*

杉科　落羽杉属

**形态特征：**

落叶大乔木，高可达50米，胸径可达3米以上。干基通常膨大，常有屈膝状呼吸根突出地面。大枝近平展，树冠比池杉大，幼时呈塔形，老时呈伞形。早期生长没有池杉快，但最终比池杉高大得多。树皮棕色，裂成长条片脱落；叶条形，扁平，基部扭转在小枝上列成二列，羽状，长1～1.5厘米，宽约1毫米。雄球花卵圆形，有短梗，在小枝顶端排列成总状花序状或圆锥花序状。球果球形或卵圆形，有短梗，向下斜垂，熟时淡褐黄色，有白粉，径约2.5厘米；种子不规则三角形，有锐棱，长1.2～1.8厘米，褐色。球果10月成熟。

**地理分布：**

原产美国东南部，绝大部分生长在沿河沼泽地和每年有数月浸水（季节性泛滥）的河漫滩地，分布范围比池杉广。

**引种评估：**

落羽杉的引种过程大致上与池杉相同。1917年引种到南京，1921年引种到河南鸡公山林场，广州、武汉也是较早引种落羽杉的城市，现在长江中下游地区及广东、广西都有落羽杉的栽培，普遍生长良好。

杭州植物园1957年从南京引进落羽杉，种植于植物分类区水池边，与池杉、水杉、水松混植，这也是杭州最早引进的落羽杉，但高、粗生长均不如池杉。2018年12月实测：树高17米（目测），平均胸径43.35厘米，最大45.9厘米。由于落羽杉早期生长较慢，种源又较缺，所以发展远不如池杉快，城市绿化中也应用较少。

2002年杭州之江园林艺术有限公司从河南鸡公山林场购买40斤落羽杉种子，通过浸种处理后出苗十分整齐，年终成苗5万余株，当年苗高1米左右，最高达1.3米。第二年春分栽于东江头逢苗圃，生长良好。这是杭州规模最大的一次商业性引种。

**园林应用：**

落羽杉和池杉一样极耐水湿，性喜光，对风、寒、病虫害抗性较强，寿命长，树冠比池杉要大一些，秋色秀丽，材质较好，不受白蚁蛀蚀，耐腐力强，经久耐用，是景观与用材兼优的优良树种。沼泽及江河湖泊岸边有季节性浸水的地方，其他树木无法生长，却是落羽杉的最佳生长之地。

**繁殖方法：**

落羽杉用播种繁殖。

球果10月成熟，翌年3月播种，种子千粒重87.3克。播前用清水浸种1月余，每日换水一次，可提高种子发芽率，促使出苗整齐。

也可用扦插繁殖，选用一年生实生苗，剪成长10厘米左右插穗，于春季末萌动前扦插，成活率可达80%以上。但成年树枝条不易生根，不宜采用。

## 3. 墨西哥落羽杉 *Taxodium mucronatum*

杉科　落羽杉属

**形态特征：**

落叶大乔木，在原产地高可达50米，胸径可达4米。树干尖削，基部膨大，树皮裂成长条片脱落；枝条水平开展，形成宽圆锥形树冠，大树的小枝微下垂；生叶的侧生小枝螺旋状散生，不呈二列。叶条形，扁平，排列紧密，列成二列，呈羽状，通常在一个平面上，长约1厘米，宽约1毫米，向上逐渐变短。雄球花卵圆形，近无梗，组成圆锥花序状。球果卵圆形。

**地理分布：**

原产墨西哥东部，向北到美国得克萨斯州西南部，向南到危地马拉，生于暖湿的沼泽地带。

**引种评估：**

墨西哥落羽杉引入我国的时间较池杉晚，规模也较小。最早约在20世纪30年代引入南京，但仅有1株，种在南京工学院校园内，可能是当时外籍教授随身带来的，是一株雌株。南京林业大学林学系育种教研室叶培忠教授，在1970年用柳杉花粉与其授粉，得杂交小苗。后经扦插、嫁接等方法进行扩繁。

1974年杭州植物园从南京林业大学苗圃购入3株大苗，高约2米，胸径约3厘米。种在杭州植物园植物分类区水塘边，土壤为红黄壤，比较板结、瘠薄，种植后一直生长不良，两年后死亡，可见该杂交种对板结瘠薄的酸性土极不适应。

但同时期引种到上海的本杂交种却生长良好，尤其在崇明岛沿长江岸边种植获得巨大成功，不仅生长快，长势好，而且对盐碱表现出极强的抗性，得到人们的高度重视。上海市林业总站对该杂交种进行研究后，将其定名为“东方杉”，作为上海和长江中下游低湿河网地区优良绿化树种推广应用。

2002年杭州之江园林艺术有限公司，从北京林木种子公司购进3千克墨西哥落羽杉种子。2003年春播种，播前用清水浸种两周，播后出苗良好，年终平均苗高78厘米，最高98厘米。第二年春移入苗圃培育。这是纯种的墨西哥落羽杉首次进入杭州，并在数年后与池杉、落羽杉一起充实杭州的城市绿化。

**园林应用：**

墨西哥落羽杉冠幅较大，看起来比较矮胖，不像池杉那样瘦长，景观上自成一格。耐水淹力不及池杉、落羽杉，但抗盐碱能力强，在土壤盐碱较重的地方适宜选择墨西哥落羽杉。但因其原产地纬度较低，抗寒力较弱，在杭州地区生长不及池杉和落羽杉，估计在温州等偏南沿海城市会生长较好。

**繁殖方法：**

用播种和扦插繁殖。种子千粒重8.4克，播前宜用清水浸种处理，有利于提高发芽率和出苗整齐度。扦插应选择幼龄树枝条作为插穗，成活率高，母树年龄越大则成活率越低。

## 4. ‘意大利214杨’ *Populus* × *euramericana* 'I-214'

杨柳科　杨属

**形态特征：**

落叶乔木，主干通直；侧枝发达，密集；树皮初光滑，后变厚，沟裂。幼叶红色，叶长15厘米，叶柄带红色。果序长16～25厘米；蒴果较小，柱头2裂。

**地理分布：**

原产意大利，为卡萨勒·蒙非拉多杨树研究所从野生苗中选育的天然杂种，雄性，亲本为‘卡罗林杨’①。发叶早，落叶迟，干形直，适应性强，生长极快，抗病。在意大利和世界各国广泛栽培。

**引种评估：**

‘意大利214杨’约在20世纪50年代后期或60年代初传入我国，在华北、东北、西北、中原和江汉平原都有广泛的引种栽培，但受气温和干旱的限制，其最适宜范围为华北及中原各地，即长江以北黄河以南地区。

**园林应用：**

杭州早期栽植的多是‘加拿大杨’。约在20世纪70年代，随着城市绿化的兴起，逐渐有‘意大利214杨’传入杭州，先是在郊区公路两侧作行道树或道侧绿化，也有作防护林的，如富春江富阳段就有很长一段‘意大利214杨’林片，用于防风和护岸，也有些农村在河滩、堤岸、荒地以用材为目的种植的。‘意大利214杨’在杭州表现很好，生长快，早期树高年生长量通常在1.5米以上，病虫害少，抗风，较耐瘠薄。除绿化功能外，‘意大利214杨’的经济价值也很可观，树干直，出材率高，木材洁白，纤维细长，是胶合板和造纸的优等材料，目前是我国最重要的造纸原料。

‘意大利214杨’适宜在公路、河道两侧、湖泊周边、河滩荒地、丘陵、低山下部种植或造林。

**繁殖方法：**

用扦插繁殖，通常在早春进行。插穗应选自苗圃1～2年生小苗或采穗圃，不可用老树上的枝条，以秋季落叶后采条较好，室外埋藏于湿润沙土中，也可在春季树液流动前采条。条子的上、中、下段截成的插穗应分开扦插，不要混插，有利苗木生长整齐。插穗长20厘米，粗1～1.5厘米，上端芽应饱满完好。插床以垅作为好，垅宽60厘米，高10～20厘米。垅作具有松土层厚、透气性好、地温较高的特点，有利发根生长，也便于扦插和起苗。

---

① 吴中伦：《国外树种引种概论》，科学出版社1983年版，190页。

## 5. 薄壳山核桃 *Carya illinoinensis*

胡桃科　山核桃属

**形态特征：**

落叶大乔木，高可达50米，胸径可达2米，奇数羽状复叶，长25～35厘米，具9～17小叶；小叶卵状披针形或长椭圆状披针形，具单锯齿或重锯齿；雄柔荑花序3序成束，长8～14厘米；雌穗状花序具3～10雌花；果长圆形或长椭圆形，长3～5厘米，具4纵棱，果皮4瓣裂。

**地理分布：**

原产美国中南部，分布于密西西比河流域的冲积滩地上，特别喜欢排水良好并富有腐殖质的砂质壤土及冲积土壤，与美洲枫香及栎类形成混交林。薄壳山核桃在原产地高可达50米，胸径可达2米，是美国重要的木本油料树种和最主要的坚果生产树种。

**引种评估：**

薄壳山核桃于1900年左右引入我国，至1944年，由教会传教士、大学和科研部门的学者多次从美国引入种子和苗木，先后在江苏的南京，浙江的杭州、绍兴、余姚、嘉兴、金华、桐庐，江西的九江，福建的厦门，安徽的合肥等地种植。但一般数量较少，保存数量更少。中华人民共和国成立后，林业及教育系统多次引进优良品种，并进行繁殖，在各地种植面积逐渐扩大。

杭州是最早引进薄壳山核桃的城市之一，但最早具体日期已无处考证。有资料记载的是1953年余杭长乐林场引进薄壳山核桃20株，栽后13～14年开花结果。1974年以其中8株进行测定，平均树高16.1米，胸径33.2厘米，最大一株胸径达40厘米①。1965年黄岩柑橘研究所从法国引进薄壳山核桃，后由浙江亚热带作物研究所繁殖，进行品种对比试验。

薄壳山核桃性喜温暖湿润气候，最适宜生长的年平均温度为15～20℃。最适土壤为中性及微碱性土，也能适应微酸性及碱性土壤。喜光，受荫蔽的植株生长较差，结果也少。耐水湿能力强，能忍受短期水淹，凡栽在水边的植株多生长茂盛，结果良好，在干燥瘠薄土上生长不良。

**园林应用：**

薄壳山核桃作为果、材兼用的优良树种，也是优良的行道树和园景树种，具有通直的树干，优美的树形，茂密的枝叶，杭州园林部门极为重视。在1954年园林苗圃建圃初期即引进薄壳山核桃种苗，进行繁殖，推广到各公园、景区绿化，并在满觉陇路试作行道树种植，更视为是园林结合生产的理想树种，大力推广。现在在西湖景区仍可看到不少大树，如满觉陇、灵隐、植物园等地，在下满觉陇32号附近有两株较大的薄壳山核桃树，2020年10月实测：胸径分别达75厘米和56.2厘米，树高约18米，长势茂盛，时至初秋，地上有被松鼠啃食掉下的果皮和坚果，在灵隐公交车站旁也有一株薄壳山核桃大树，树高18米，胸径72厘米，树冠开张，夏季常有游客在树下遮阴避阳。

**其他用途：**

坚果富含脂肪和蛋白质，生食、炒食或制作糕点、糖果皆美味可口。木材坚固强韧，纹理致密，有弹性，是家具、建筑及军工行业的优良用材。薄壳山核桃是果、材、景观兼具的优良树种，杭州又是它的适生地区，不论是作为果树，作为用材，还是作为园林绿化，都有重要价值。

**繁殖方法：**

用播种、嫁接繁殖。

10月中、下旬果实成熟，成熟后果皮自行裂开，种子脱落，因此当外种皮由青变黄褐色时要及时采收。种子冬播或沙藏过冬，翌年2～3月播种。

嫁接除保持优良品质外，还可提早开花结实，早收益。砧木一般用本砧，方法有插皮接、切接、芽接等，可视砧木大小而定。

① 吴中伦：《国外树种引种概论》，科学出版社1983年版，第197页。

## 6. 娜塔栎 *Quercus nuttallii*

壳斗科　栎属

**形态特征：**

落叶乔木，主干挺直，高可达30米，胸径可达0.9米。树皮灰褐色，光滑。树冠广圆形。叶椭圆形，长16～20厘米，宽10～12厘米，具5～7深裂。坚果长卵形，长2～3厘米，壳斗浅碗状。

**地理分布：**

原产美国得克萨斯州东南部到佛罗里达州西部，向北包括阿肯色州、密苏里州、俄克拉何马州和田纳西州南部，最集中分布区在墨西哥湾沿海平原，在密西西比河三角洲河岸一线台地排水不良的冲积性黏土和酸性土上生长良好，最适pH4.5～5.5。它是生长于美国东南部的优良树种之一。在北美地区已广泛用于造林、城市绿化等方面，具有重大的经济意义和生态环境效益。分布区气候湿润，年降水量1200～1670毫米。冬季短，平均气温7℃～13℃，极端最低气温-26℃。夏季长而炎热，平均气温27℃，极端最高气温43℃。

**引种评估：**

娜塔栎引入我国时间不长。20多年前由中国林业科学研究院主持从美国东南部地区引进种子，由在浙江富阳的中国林业科学研究院亚热带林业研究所和江苏省林业科学研究院在长江三角洲地区进行引种栽培研究，取得了良好效果。

2007年，杭州江干区绿化办从富阳的中国林科院亚热带林业研究所引种娜塔栎苗10余株，在城东公园试种，当时苗高约3米，胸径7厘米。栽后，长势良好。2018年秋实测：平均树高13米，胸径22.37厘米，最大一株树高17米，胸径37厘米，现已开花结实。

**园林应用：**

娜塔栎具有极佳的秋色，在杭州10月下旬开始变色，11月进入观赏期。因单株在变色时间上有前后之差，整体观赏期可延续至12月底。娜塔栎叶色红亮，叶茂密，观赏效果极佳，又适应杭州的气候环境，对土壤适应性强，生长旺盛，是极优良的园林观赏树种，可在我市园林绿化中广泛应用，也适宜在西湖山区营造风景林，特别是在林相改造方面有极大的应用价值和潜力。也可考虑用作行道树，但应先进行小范围试验，在城市道路硬铺装的条件下是否能够适应，如果生长良好，娜塔栎就能成为一个优良的行道树种。

**繁殖方法：**

用播种繁殖。种子9月下旬至10月上、中旬成熟，种子胚或具休眠性，采后可采取冬播，翌年春季发芽。如若春播，种子应进行湿沙层积沙藏处理，以利萌发。

## 7. 北美鹅掌楸 *Liriodendron tulipifera*

木兰科　鹅掌楸属

**形态特征：**

落叶大乔木，高可达50～60米，胸径3～3.5米，树皮深纵裂，小枝褐色或紫褐色，常带白粉。叶片长7～12厘米，近基部每边具2侧裂片，先端2浅裂；花杯状，花被片9，外轮3片绿色，内两轮6片，灰绿色，直立，花瓣状、卵形，长4～6厘米，近基部有一不规则的黄色带；聚合果长约7厘米，具翅的小坚果淡褐色。花期5月，果期9～10月。

**地理分布：**

原产美国东部，北起新罕布什尔州南部，南至佛罗里达州中北部，东起大西洋沿岸，西至印第安纳州、肯塔基州、田纳西州、密西西比州一线。垂直分布在海拔300米以下，在阿巴拉契亚山脉南部可达1370米。适生于土壤深厚肥沃、排水良好和避风的立地。

**引种评估：**

杭州引种北美鹅掌楸历史较早。1907年美国基督教会开办的杭州育英义塾，在六和塔西侧秦望山麓二龙头修建新校舍，1911年育英义塾正式迁入新校区，更名为之江学堂，1914年又更名为之江大学。杭州植物园（当时为玉泉苗圃）于1954年秋在之江大学校区内发现一株已经衰老的北美鹅掌楸大树，并采到了种子。据推测：这株大树应该是1914年前后由美国教会派往之江大学任教的教授、学者带到杭州，并种在校园里，以寄乡情，这也是杭州最早引进的北美鹅掌楸。估计二龙头的红壤过酸，北美鹅掌楸对其不太适应，故在40年生时就显衰老，它最适合的土壤是沿河川的冲积土和排水良好的砾质土。本来它的寿命很长，不会这么快衰老的，而且在数年后就死亡了。

1955年春，杭州植物园将采到的北美鹅掌楸种子进行播种。该种子孕育率较低，仅出苗数株。1957年移种到植物分类区木兰科内，现保存4株，2018年12月实测，平均树高17～18米，胸径56.35厘米。1963年开始开花，次年结实，发芽率约5%。后来发现，从该树上采收的种子繁育的小苗变异很大，真正的北美鹅掌楸苗比例很少，原来是植物分类区木兰科内在种植北美鹅掌楸旁还种植有数株马褂木，它们花期相遇，相距很近，花粉互传，相互授粉的概率很高，因此容易自然杂交，出现了很多杂交苗。从生长的状况来看，杂交苗比亲本生长更快，适应性更强，有明显的杂种优势。现在杭州城市绿化中普遍采用的是杂交鹅掌楸，其树干通直，树皮灰褐色，树形高大美观，病虫害少，生长旺盛，很受群众欢迎。南京林业大学叶培忠教授用北美鹅掌楸花粉给马褂木授粉，获得杂交后代，也证明杂种有明显的杂种优势。为保持杂种的优势，可用扦插繁殖，插穗应取自幼龄母本，用成年树枝条则成活率不高。现主要用种子繁殖，但后代分离较大，可在苗期或小苗分栽时择优培育。

**园林应用：**

北美鹅掌楸在我国引种和栽培的数量不多，但取得的效果很好。它比马褂木生长旺盛，抗热、抗干燥性能更强，夏季不黄叶，能适应微碱性土壤，病虫害少，对二氧化硫有一定抗性，是很有价值的树种，可在我国亚热带平原地区用作城镇行道树、遮阴树及风景树。

杂交鹅掌楸具有北美鹅掌楸的所有优点，并比北美鹅掌楸生长更快，更旺盛。

现在大部分人都把杂交鹅掌楸和杂交马褂木视为同物异名，其实正交与反交是有微妙区别的。以我的观察：用北美鹅掌楸做母本的比用马褂木做母本的杂交后代长势要旺盛一些。我想：用北美鹅掌楸做母本的杂交后代叫"杂交鹅掌楸"，用马褂木做母本的杂交后代叫"杂交马褂木"，两者可资以区别，也显得科学合理。

**繁殖方法：**

北美鹅掌楸用播种繁殖。在杭州聚合果于9月下旬至10月上、中旬成熟，当果实呈灰褐色时即可采收，在室内摊放数天，再移到室外日晒数日，待翅果分离后去杂装袋，干藏至翌春播种。种子孕育率约5%或更低，故播种量需加大。也可用马褂木做砧木进行嫁接。除此以外，还可用硬枝或嫩枝扦插，但需采用5年生以下的幼树做母本，成年树扦插成活率很低，很少采用。

20

## 8. 北美枫香 *Liquidambar styraciflua*

金缕梅科　枫香树属

**形态特征：**

落叶乔木，一般高25～37米，胸径45～90厘米。

**地理分布：**

原产北美洲及中美洲，广泛分布于美国东北部的纽约州，向南到佛罗里达州，向西南到俄克拉何马州、得克萨斯州，并延伸到墨西哥、危地马拉、洪都拉斯和尼加拉瓜的山区。北美枫香又名“胶皮糖香树”。

**引种评估：**

杭州植物园曾于20世纪70年代从南京购入北美枫香嫁接苗试种，其形态特征与我国枫香十分相似，如不特地标明，很难在形态上区别。长势不如枫香，数年后死亡，死因不详。近年又从上海引进北美枫香数株，长势也不理想，可见北美枫香不太适应杭州的环境，可能与杭州全年雨量过多、夏季高温干旱有关。我接触到的许多绿化方案中，有不少设计师喜欢用北美枫香这个树种，可能他们喜欢北美枫香的秋色景观，但不知道它们的生长状况。我想北美枫香既然观赏效果与枫香无异，长势又不如枫香，那在园林绿化上就没有必要被刻意采用，因为北美枫香长势弱，种源少，价格高，而我们的乡土树种——枫香在景观和长势上都胜过它，为什么不用自己的乡土树种枫香呢？

我倒认为：枫香具有极大的研究价值，它是我国江南最重要的秋色叶树种，但至今仍处于粗放的栽培状态，无论树形、叶色、长势都是自然原始的，尤其是叶色的变化，有紫、红、橙、黄等色，变色有早有迟，还有很大一部分不变色的，景观效果差异很大，特别像行道树，如果能做到树形基本一致，叶色基本一致，那该路的景观必定是统一而壮丽的。要做到这一点，只有走园林树种品种化的路，像美国栽培的红花槭品种，日本栽培的鸡爪槭品种和光叶榉品种等，都有自己的景观特色和适生环境，供设计人员选择。我国的枫香自然资源十分丰富，只要我们认真去研究，就一定能培育出优良的品种，这对我国园林事业来说是具有开创性的工作，园林树种的品种化一定能为我国园林景观的提升做出重要贡献。

**园林应用：**

秋季叶色转呈红、橙、紫、黄、棕各色，极绚丽，而且病虫害少。木材作家具、箱板、室内装饰、造纸等用。树脂可作胶皮糖香料，欧洲国家引种较多。我国庐山、武汉、南京有栽培。

## 9. 二球悬铃木 *Platanus acerifolia*

悬铃木科　悬铃木属

**形态特征：**

落叶大乔木，树高35米，胸径可接近3米；树皮光滑，大片块状脱落；嫩枝密生灰黄色绒毛；叶阔卵形，宽12～25厘米，长10～24厘米；基部平截，3～5裂。花通常4数。雄花的萼片卵形，被毛；花瓣矩圆形，长为萼片的2倍；雄蕊比花瓣长，盾形药隔有毛。果枝有头状果序1～2个，稀为3个，常下垂；头状果序直径约2.5厘米。

**引种评估：**

悬铃木属约有10个种，我国引种一球悬铃木、二球悬铃木和三球悬铃木3个种。杭州栽培的主要是二球悬铃木，它是一球悬铃木（原产北美）和三球悬铃木（原产地中海及中西亚地区）的自然杂交种，最早于1663年在英国伦敦发现。因其耐强度修剪，生长迅速，遮阴面大，耐烟尘，对土壤适应性强，成为世界上栽培最广泛的行道树。

二球悬铃木引入我国已有100多年历史，因最初种植于上海法租界内，叶似梧桐，故又有“法国梧桐”之称，以长江流域和黄河流域各城市栽培最多。据记载，民国十七年（1928），杭州在湖滨路种植悬铃木和女贞行道树，这可能是杭州最早引进的悬铃木。1951年杭州市人民政府从南京采购一批大规格悬铃木，在市区主要干道种植或补植。以后每年向外采购一些树苗。1954年市园林苗圃建立后，开始自己培育行道树苗，种类有珊瑚朴、沙朴、无患子、枫香、三角枫、喜树、薄壳山核桃、重阳木等，但仍以悬铃木为主。据杭州市1992年的普查和1994年的补充调查，杭州市区种植的行道树已达25个树种之多，其中悬铃木仍占主要地位。

**园林应用：**

二球悬铃木为喜光树种，不耐蔽荫，适生于微酸性或中性、深厚、肥沃、排水良好的土壤，在微碱性或石灰性土中也能生长。抗风力中等，在土层深厚、排水透气良好之处，根系发达，抗风力较强；在土层浅薄、排水透气不良之处，尤其是城市街道两侧皆是硬铺装之地，根系发育不良，抗风力较弱，遇台风时易被吹倒。

二球悬铃木遮阴效果好，对二氧化硫、氟化氢、氯气抗性强，是优良的行道树和庭荫树种。缺点是果实成熟时种子飞扬，其种毛对人体有不利影响，现在很多城市已选用无果或少果悬铃木，或用药剂喷施幼果，阻其发育，以避其害。

**繁殖方法：**

二球悬铃木通常用扦插繁殖，早期生长快，能保持母本优良特性。通过扦插繁殖，还能起到复壮的作用。也可用种子播种繁殖，实生苗寿命长，但早期生长较慢。播种苗分化明显，可选择壮苗进行培育，对后期生长有重要影响。

## 10. 北美海棠 *Malus* sp.

蔷薇科　苹果属

**形态特征：**

落叶小乔木，高2～5米，树形依品种而异，有开展型、紧凑型、垂枝型等。分枝匀称，树冠丰满。北美海棠包含20多个园艺品种，花色有白、粉、紫、红等色，果色也有黄、橙、紫、红之分，花期3～5月。

**地理分布：**

原产北美，在美国、加拿大久经栽培，在长期的人工栽培和选育下，现有园艺品种20余个，各具特色。

**引种评估：**

北美海棠在20世纪八九十年代引入我国，北京植物园在90年代已有开花大树供市民观赏，在该园的新优植物引种苗木中心的出圃苗木介绍中，就有‘绚丽’*Malus* 'Radiant'、‘凯尔斯’*Malus* 'Kelsey'、‘道格’*Malus* 'Dolgo'、‘霍巴’*Malus* 'Hopa'等14个北美海棠品种可供出圃。可见该园引种北美海棠已有一定时日，并在全国城市推广应用。

杭州于2015年由施奠东先生从山东临沂、泰安引进北美海棠5～6个品种，在西湖风景区花圃及龙井路一带试种，生长良好，各园林苗圃争相繁殖。目前全市已有相当数量的苗木可供绿化应用，品种以‘绚丽’、‘红宝石’为主。

北美海棠性喜光，可耐-30℃低温，耐盐碱、耐水湿，适应性强。开花时花团锦簇，花色艳丽，品种丰富，花后可观果至深秋，极具观赏价值。它的引种成功，又为杭州园林花木增添一员新秀，值得庆贺。但在南方城市易发生蚜虫、红蜘蛛、天牛等危害，应及时防治。

**繁殖方法：**

以嫁接繁殖为主，也可扦插。嫁接繁殖用三裂海棠或湖北海棠2～3年生实生苗做砧木，枝接在春季发芽前行切接或劈接，也可在秋季7～9月行芽接。扦插在春秋两季进行，以一年生小枝（春插）和当年半木质化小枝（秋插）作插穗，取长6厘米左右，插入土中3～4厘米，适时遮阴并保持土壤湿润，有报道半个月左右可以生根。

① 施奠东，著名风景园林专家，曾任杭州市园林文物局局长。

北美海棠（杭州市园林绿化发展中心张军摄）

## 11. 日本早樱（东京樱花）*Prunus × yedoensis*

蔷薇科　李属

**形态特征：**

落叶乔木，高达16米。树皮灰褐色或暗灰色，小枝淡紫褐色，无毛，嫩枝绿色，被疏柔毛。叶片椭圆状卵形或倒卵形，长5～12厘米，宽2.5～7厘米，先端渐尖，基部圆形，稀楔形，边缘有尖锐重锯齿。花先叶开放，伞形总状花序，有花3～4朵，单瓣，花径3～3.5厘米，花瓣长卵圆形，先端下凹。初放时淡红色，全放时白色或淡粉色，具芳香，花繁多，极美丽。鲁迅在《藤野先生》一文中说："上野的樱花烂漫的时节，望去确也像绯红的轻云①。"说的就是这日本早樱，花期4月上中旬。果熟期5月，成熟时黑色。

**地理分布：**

原产日本，在日本归属山樱类。

**引种评估：**

约在20世纪初传入我国。1909年上海黄园创建初期即从日本引进6个单瓣品种，20个重瓣品种，2个垂枝品种②，日本早樱当在6个单瓣品种之列。杭州是较早引种日本樱花的城市，至20世纪50年代，杭州植物园、杭州花圃均已有日本早樱的种植，与红梅、碧桃、海棠同为杭州重要观花树种。

**园林应用：**

花艳丽，开放时繁花似锦，为著名观花乔木，公园、庭园栽培甚多，供观赏，也是蜜源树种。

日本早樱性喜光，喜温暖湿润气候，年平均温度15℃左右、年降水量800毫米以上都属于它的适生环境范围。根系浅，适生于土层深厚、疏松、通透性好、地下水位低的壤土或砂壤土中，pH以5.5～6.5为宜。种植不宜太密，也不要种在大树的蔽荫下。虫害有天牛、介壳虫、蚜虫、红蜘蛛、蛴螬等，病害有根瘤病、干腐病、流胶病，要注意防治。

**繁殖方法：**

用嫁接繁殖，可用桃、杏、大叶早樱的实生苗作砧木。

① 鲁迅：《朝花夕拾》，北京：人民文学出版社1957年版，第57页。
② 黄岳渊、黄德邻合著：《花经》，上海书店1985年版，第317-319页。

## 12. 刺槐 *Robinia pseudoacacia*

豆科　刺槐属

**形态特征：**

落叶乔木，高达25米，胸径1米。羽状复叶，小叶2～12对，小托叶针芒状。总状花序腋生，长10～20厘米。荚果褐色，或具红褐色斑纹，线状长圆形。花期4～6月，果期8～9月。

**地理分布：**

原产北美东部阿帕拉契亚山区，北纬31°6′～41°，由于长期栽培，目前美国东半部一直到加拿大都已经成为其分布区。欧洲、南美洲、亚洲、澳大利亚、非洲都广泛引种。

**引种评估：**

我国约在19世纪末期引入刺槐，一般认为最早可能是由当时在青岛的德国人引进，在青岛附近的山地及河流两岸平原造林，所以刺槐又有德国槐、洋槐之称。由于生长快，适应性强，又木材用途广泛，繁殖容易，刺槐在我国华北、东北、西北东南部、华东北部获得大面积推广。杭州引进刺槐也有100多年的历史了，据杭州市2003年古树名木调查记载，在吴山粮道山盘山路西侧山坡有一株树龄110年的刺槐，树高6米，胸围1.5米。在中华人民共和国成立初期，之江路六和塔段（当时叫六梵路，六和塔至梵村）保留有很长一段刺槐行道树，后在道路改造中改种枫香了。有文字记载的刺槐，见于民国二十三年十月由浙江省建设厅农业改良总场印行的《新农村》中，其中由杨靖孚撰写的《论行道树》一文中，提出适合浙江风土的行道树12种，其中就有刺槐，可见在20世纪30年代，刺槐已经在浙江省被推广应用。但由于刺槐根系较浅，容易风倒，又由于根蘖较多，林相不齐，在有了更好的树种后，刺槐在杭州没有得到大的发展，但在山坡、路边、村旁仍可经常遇到零星的刺槐树。

**园林应用：**

花白色，具芳香和花蜜，故也是优良的庭园观赏和蜜源树种。叶富含营养，是牛、羊的上好饲料。根具根瘤菌，能固氮。落叶能改良土壤，提高肥力。刺槐对多种有害气体有较强抗性，尤其对二氧化硫是抗性最强的树种之一，在工矿区绿化有其独特的优势。能耐干旱瘠薄，能适应多种土壤，尤其对轻盐碱土有较强的适应力，是水土保持、固沙造林、四旁绿化及薪炭林的优良树种。

**繁殖方法：**

刺槐主要用播种繁殖，也可于春季用硬枝扦插或埋根繁殖，在山东已选育出优良无性系和优良家系，材积增益达30%之上。

## 13. 红花刺槐 *Robinia × ambigua* 'Idahoensis'

豆科　刺槐属

**形态特征：**

落叶乔木，为刺槐的变型。树高达25米；干皮深纵裂。枝具托叶刺。羽状复叶互生，小叶7～19，叶片卵形或长圆形，长2～5厘米，先端圆或微凹，具芒尖，基部圆形。花两性；总状花序下垂；萼具5齿，稍二唇形，反曲，翼瓣弯曲，龙骨瓣内弯；花冠粉红色，芳香。果条状长圆形，腹缝有窄翅，种子3～10。一年开两次花，在杭州第一次开花在5月间，花期20天左右，第二次开花在7～8月，花期约40天。花具芳香，但不结实。本种为刺槐的一个自然变型。

**地理分布：**

原产北美，约20世纪60年代传入杭州。

**园林应用：**

红花刺槐性喜光，耐寒，耐旱，耐瘠薄，在石灰质土和轻盐碱土上也能生长良好。其花红色美丽，花期长，病虫害少，是优良的绿化观赏树种。在林业上红花刺槐是营造速生丰产林和水土保持林的理想树种，其根系发达，萌蘖力强，能迅速增加植株密度，改善地表植被和生态环境，在干旱瘠薄地区尤有应用价值。

**繁殖方法：**

红花刺槐因开花而不结实，主要用埋根繁殖。春季选1～2年生健壮根剪成6～8厘米长的根段，埋入苗床中，覆土厚2～3厘米，保持床土湿润，成活率可达90%以上，当年苗高可达2米左右，第二年可达3～4米，并大量开花。此外，也可用刺槐作砧木进行嫁接，但刺槐的根蘖很强，应及时除去，否则有被刺槐淹没之虞。

## 14. 花叶三角枫 *Acer buergerianum* 'Variegatum'

槭树科　槭属

**形态特征：**

落叶乔木，性状与原种接近，唯春季新叶金黄色，鲜艳悦目，叶形较原种为宽，可达7～10厘米，与叶长等长或略过之，叶片多数为3深裂（稀3浅裂）裂深达叶片1/2以上，而原种多为3浅裂（稀不裂）。

**地理分布：**

原产日本。

**引种评估：**

由杭州蓝天园林集团种苗公司于2008年4月从日本引进，共1800余株，在杭州生长良好，经该公司历年嫁接繁殖，数量已达10余万株，大者胸径已近20厘米，并在园林布景上初露头角，获得广泛好评。

**园林应用：**

花叶三角枫为弱阳性树种，稍耐阴，喜温暖湿润气候及酸性、中性土壤，较耐水湿，其树干通直，树冠圆满，是优良的景观树种，适宜作园景树、行道树、护堤树，尤以春色最引人注目。

**繁殖方法：**

用嫁接繁殖。春天新芽未萌前，用1～2年生的三角枫实生苗做砧木，用切接法，亲和力强，易成活。培育初期株行距可稍密，有利于减少侧枝发生，促成高生长。待苗高达3米以上，径粗3厘米左右时分栽培大。

花叶三角枫春色（杭州蓝天园林黄伍龙先生摄）

## 15. 梣叶槭 *Acer negundo*

槭树科　槭属

**形态特征：**

又名复叶槭。落叶乔木，高达20米，树皮灰色，老树浅裂，小枝绿色或绿褐色并被白粉。羽状复叶对生，小叶3～7枚，卵形或长卵形，长8～10厘米，宽2～4厘米，上端渐尖，基部偏斜，边缘常有3～5个粗锯齿，上面绿色光洁，下面淡绿色。雌雄异株，雄花的花序聚伞状，雌花的花序总状，均由无叶的小枝旁边生出，花小，黄绿色，开于叶前。翅果连翅长3～3.5厘米，张开成锐角或近于直角。花期4～5月，果期9月。

**地理分布：**

原产北美，从加拿大的安大略州到美国的新英格兰地区、得克萨斯州和佛罗里达州都有分布，地跨寒温带、温带、暖温带、亚热带广大地区。

**引种评估：**

梣叶槭在18世纪初引入欧洲，在欧洲各国广泛栽培，19世纪末随着帝俄势力向亚洲东扩，梣叶槭随之引入我国东北，并逐渐向山东、江苏、上海、河南、陕西等地发展，杭州的林业和园林单位及有关的大专院校也有引种试栽，长势良好。但从20世纪70年代开始发生光肩星天牛、桑天牛等的严重危害，特别是光肩星天牛对梣叶槭趋性强，受害植株树皮陷落，树干畸形，生长受阻，最终因蛀蚀严重而死亡，在杭州已无大树生存。

**园林应用：**

梣叶槭树冠宽阔，叶形美丽，对有害气体抗性强，尤对氯气有较强的吸收力，本是优良的园林树种，但因虫害严重，在杭州渐被淘汰，在虫害问题未解决前不宜扩栽。

## 16. 鸡爪槭 *Acer palmatum*

槭树科　槭属

**形态特征：**

落叶小乔木，高达15米，树皮深灰色，小枝细瘦，当年生枝紫色或淡紫绿色。叶对生，纸质，近圆形，直径7～10厘米，5～9掌状分裂，通常7裂，裂片深达叶片中部，先端锐尖或长锐尖，基部心形或近心形，边缘具紧贴的尖锐锯齿。伞房花序顶生，半下垂，花杂性，雄花与两性花同株。翅果幼时紫红色，成熟时淡棕黄色，小坚果球形，花期5月，果熟期9月。因树姿优美，秋叶绚丽而成为著名的园林景观树种。

**地理分布：**

原产日本和朝鲜半岛。

**引种评估：**

鸡爪槭约于19世纪末至20世纪初从日本引入我国，建于晚清的刘庄是杭州引种鸡爪槭、红枫、羽毛枫最早的地方，据杭州市古树名木1984年调查资料记载，在刘庄东水塘边有一株100年生的鸡爪槭，此树在2002年调查时，树高6米，地径43厘米，冠幅6米，这是杭州至今健在的最年长的鸡爪槭。鸡爪槭在杭州生长健旺，开花结果良好，播种繁殖容易，已广泛应用于公园、庭园、宾馆、院校及道路和河道两侧等公共绿地绿化。

**园林应用：**

鸡爪槭经过长期栽培选育，在日本已有200余个品种，杭州栽培的主要有下列3种，主要用于档次较高的公园、庭园绿地。

1. ‘红枫’ *Acer palmatum* 'Atropurpureum'，小枝粗壮，叶片深紫红色，用鸡爪槭或秀丽槭做砧木，行切接或芽接繁殖。

2. ‘羽毛槭’ *Acer palmatum* var. *dissectum*，小枝常平展或微曲，叶片掌状7～9深裂至全裂，各裂片又羽状深裂，姿态秀丽。用鸡爪槭做砧木，通常在砧木1米高左右处行切接或芽接繁殖。

3. ‘红羽毛枫’ *Acer palmatum* 'Dissectum Ornatum'，树形和叶片与‘羽毛枫’同，但叶色暗红色或深紫红色，繁殖方法同‘羽毛枫’。

此外，鸡爪槭还有一个自然变种小鸡爪槭*Acer palmatum* var. *thunbergii*，在杭州公园、庭园中也有栽培。与原种的区别是叶片较小，直径4～6厘米，翅果及小坚果均较小，约为原种的1/2，原产日本，约与鸡爪槭同时传入中国。

‘红枫’

‘羽毛槭’

‘红羽毛枫’

## 17. 红花槭 *Acer rubrum*

槭树科　槭属

**形态特征：**

落叶大乔木，通常高18～27米，偶有超过30米，胸径60～90厘米。

**地理分布：**

原产北美，从纽芬兰到佛罗里达州，向西到得克萨斯州，美国东南部都有分布。多生长于低地、沼泽和河溪两岸，在土壤湿润肥沃处生长良好。

**引种评估：**

2008年春，杭州蓝天园林集团从美国波特来阿文那公司购入红花槭5个品种：

‘落叶红日’ *Acer rubrum* 'Red sunset'

‘十月光辉’ *Acer rubrum* 'October Glory'

‘酒之韵’ *Acer rubrum* 'Brandy Wine'

‘太阳谷’ *Acer rubrum* 'Sun Valley'

‘马鞍红’ *Acer rubrum* 'Somerset'

共计1160株，苗高2米左右，胸径2～3厘米，均为嫁接苗。第一年生长不错，秋季变色也很亮丽，但第二年开始即有少数植株枯死，查其原因，竟是根部皮层被蛴螬啃食殆尽，虽也用药防治，但效果不显，以后每年都有成批苗木被蛴螬啃死。红花槭由于根皮松软，味美易食，蛴螬对之产生趋性，当一株被啃食枯死后，它又会转移到另一株上啃食。数年后，1000余株红花槭荡然无存。

由此可见，红花槭虽好，也适应杭州的气候环境，却因蛴螬危害严重，难以生存，因此在虫害问题未解决之前，红花槭暂不宜在杭州推广应用。

**园林应用：**

在适生地区，红花槭在春天有引人注目的红花，夏天有红色的翅果，秋天有满树红黄色的树叶，因此在中国有人称之为美国红枫，是世界著名的观赏树木，在美国已育成不少园艺品种。

## 18. 糖槭 *Acer saccharum*

槭树科　槭属

**形态特征：**

落叶大乔木，通常高25米，胸径60厘米，最高可达40米，胸径90厘米，树冠卵形至宽卵形，单叶对生，掌状5裂，长8～14厘米，宽7～12厘米，裂至叶的中部，花黄色，翅果长2.5～4厘米，光滑无毛。

**地理分布：**

原产北美洲，西从大平原以东直至大西洋沿岸，北从加拿大南部到美国得克萨斯州，除佛罗里达州、南卡罗来纳州、特拉华州以外，各州都有分布，为北美洲东北部地区的重要树种。

**引种评估：**

我国庐山植物园于1936年引种糖槭，在庐山生长良好。辽宁熊岳树木园也在20世纪30年代引入种子繁殖成苗。1958年，南京中山植物园、武汉植物园从庐山引种扦插苗试种，湖南省林科所从加拿大引入种子，北京植物园于1958年、1960年两次从捷克斯洛伐克引种，可见我国对糖槭的重视程度。杭州植物园也于20世纪80年代引种糖槭进行试栽，但和各地的引种实践一样都不理想。由于糖槭树液含糖量高，幼树生长快，木质松软，故遭受多种天牛严重危害，不能正常生长，有的年年萌生年年枯死，最终全株死亡，而致引种失败。杭州也因此成为糖槭不宜种植的地区之一。但据资料介绍，在海拔1500米以上的高山上，糖槭生长良好，天牛危害不严重，可望有所发展。

**园林应用：**

在适生地区，糖槭生长快，适应性强，树液是生产槭树糖的原料，在春天树液刚流动时，割取树液，经蒸煮浓缩制成槭糖，是加拿大和美国产糖的特有树种，经济价值高，且树形、花、果奇特，有较高的观赏价值，适宜作行道树和园景树，受到世界各国的重视。

## 19. 美国紫薇 *Lagerstroemia* sp.

千屈菜科　紫薇属

**形态特征：**

落叶小乔木，园艺品种呈灌木状，株形直立，分枝紧凑，树皮易脱落，树干光滑。单叶互生或对生，近无柄，椭圆形、长椭圆形或倒卵形，初生叶淡红色，后渐变绿色。圆锥花序着生当年新生枝头，深粉红色、火红色或紫红色，花期6～9月，果熟期11月。

**地理分布：**

美国。

**引种评估：**

美国紫薇由湖南省林业科学研究院于2004年从美国引进，含‘红火箭’紫薇（*Lagerstroemia indica* 'Red Rocket'）、‘红火球’紫薇（*Lagerstroemia indica* 'Dynamite'）、‘红叶’紫薇（*Lagerstroemia indica* 'Pink Velour'）3个品种。经8年隔离栽培观察，于2012年获省级林业部门的种质资源证书。由于美国紫薇的花色更艳，着花更茂，花期更长，深受广大群众喜爱，各地竞相引种。杭州于2015年由施奠东先生从长沙引进美国紫薇3个品种，在曙光路中间隔离带及龙井路茅家埠附近道侧绿地试种，取得成功。生长旺盛，适宜在杭州园林绿地推广应用。唯种植区位应选阳光充足之处为宜，否则会花稀色淡。

美国紫薇性喜光，稍耐阴，喜温暖气候，也较耐寒，有报道可耐-23℃低温，较耐旱，怕涝，对土壤要求不严，但以肥沃湿润而排水良好的微酸性黄壤土或砂壤土生长最好。有蚜虫、介壳虫、刺蛾、卷叶蛾及煤污病危害，应及时防治。

**繁殖方法：**

可用播种、扦插、分株繁殖。播种虽可获大量小苗，但小苗分化严重，不能保持母本优良性状，开花迟，故很少应用。分株则因母株根蘖数量有限，难以获得所需的数量要求，唯有扦插，既能保持母本的优良性状，又具有成活率高、成苗快、开花早等优点，故生产上多采用扦插繁殖。扦插在6月进行，选取当年已半木质化的健壮枝条作插穗，插穗长10～12厘米，留上部2～3叶，插入土中2/3，上盖遮阳网，保持土壤和空气湿润，待生根后逐渐增加光照，翌年4月分栽培大。

美国紫薇（杭州市园林绿化发展中心孙晓萍摄）

## 20. 石榴 *Punica granatum*

石榴科　石榴属

**形态特征：**

落叶小乔木，高达10米，有的品种或呈灌木状，小枝具4棱，先端常刺尖。叶对生或簇生，纸质，长圆状披针形，长2～8厘米，无毛，嫩叶常红色。花大，一至数朵顶生或腋生，萼钟形，质厚，红色或黄白色，花瓣红色、白色或黄色。果圆球形，径4～8厘米。花期5～7月，果熟期9～11月。为常见果树。

**地理分布：**

原产伊朗（古安石国）、阿富汗等中亚地区。

**引种评估：**

西汉张骞出使西域带回石榴种子，在上林苑（今咸阳、周至、长安、蓝田一带）及骊山脚下试种并获得成功，这是我国最早的一次果木引种实践，上林苑及骊山也就成为我国最早的石榴引种基地，后逐渐向全国各地扩展。唐宋时期海上丝绸之路开通，又有印度石榴通过海路传到广东、福建等沿海地区。在长期的栽培过程中，石榴分化成果石榴和花石榴两大品系。果石榴主要栽培在西北、西南及黄河流域地区，在陕西临潼、河南荥阳、山东枣庄、云南蒙自形成了巨大产业；花石榴主要栽培在全国各地的城市中，供观赏，是城市绿化的重要组成树种。

杭州栽培的花石榴品种有：

1.‘重瓣红’石榴*Punica granatum* 'Pleniflora'，花大型，重瓣，鲜红色，此品种最受群众喜欢，栽培最广。

2.‘玛瑙’石榴*Punica granatum* 'Legrellei'，花大型，重瓣，花瓣有红、粉红、黄白条纹，杭州景区有栽培。

3.‘黄’石榴*Punica granatum* 'Flavescens'，花微黄而带白色，杭州地区有栽培。

4.‘白’石榴*Punica granatum* 'Albescens'，又称‘银’石榴，花白色，有单瓣和重瓣之分，重瓣者称‘重瓣白’石榴，杭州地区有栽培。

5.‘月季’石榴*Punica granatum* 'Nana'，又称四季石榴，矮小灌木，花红色，多单瓣，花期长，果小，成熟时粉红色，不堪食，也有重瓣者称‘重瓣月季’石榴，多盆栽供观赏。

**园林应用：**

石榴花色美丽，花期长，为城市绿化的优良观赏树种。石榴为喜光树种，不耐蔽荫，对土壤要求不严，在pH4.5～8.5均能生长，以排水良好而较湿润的砂壤土或壤土为宜，在略带黏性、富含石灰质之地则生长发育更好。

**繁殖方法：**

用扦插、分株和压条等方法繁殖。

## 21. 黄金树 *Catalpa speciosa*

紫葳科　梓属

**形态特征：**

落叶乔木，在原产地高可达30米，胸径1.5米，树皮灰黄色，粗糙，老树有不规则浅裂纹。单叶对生，罕三叶轮生，卵形至广卵形。圆锥花序顶生，花大，喇叭形，白色。蒴果线形，较楸树、梓树粗短。

**地理分布：**

原产美国中部至东部，从伊利诺伊州东南部到印第安纳州、肯塔基州西南部、田纳西州西部、阿肯色州北部。地处美国中部偏东的密西西比河中游，分布区土壤肥沃而深厚，多为砂质壤土，水分充足而透气性良好。

**引种评估：**

20世纪20年代引入我国上海等地栽培，曾被鼓吹它的价值犹如黄金，故名为黄金树。30年代曾提倡大量种植，在北起辽宁，南到广东、广西，东自上海、浙江，西到陕西、新疆、云南，都曾引种试栽。但与我国同属树种的楸树、梓树相比，并无多少优越之处，故未有大量发展，至今各地仅有零星栽培，如浙江大学玉泉校区内，黄金树与楸树、梓树作为校园绿化树种都有栽培，但数量不多，长势也相似，未见在林业及园林上大量应用。

**园林应用：**

黄金树在肥沃深厚的砂壤中生长迅速，在pH5.5～8范围内均可正常生长。在空旷地主干低矮，侧枝粗大，树冠开张；在森林中树干通直圆满，树冠狭窄，枝下高可达20米。木材耐腐性较强，可作桩柱、板箱、室内装修等用，在城市绿化中可用作风景树，但仅适于平地栽培。

**繁殖方法：**

用播种繁殖。播前应进行催芽处理，否则发芽迟缓且不整齐。处理方法是在播前7～8天，先用清水浸种5～8小时，然后摊于湿麻布上置温暖处，上面再覆一层湿麻布，每天翻动两次，保持种子湿润，见有30%种子裂嘴吐白后即可放到通风处晾干水气后播种。播后苗床上覆一层稻草或麦秆，借以保持床面湿润。苗出齐后去除覆盖物，注意抗旱除草，翌年春分栽。

# （三）常绿灌木与小乔木

## 1. 铺地柏 *Juniperus procumbens*

柏科　刺柏属

**形态特征：**

常绿匍匐灌木，高约75厘米。枝条沿地面生长，小枝密生，枝梢向上斜展。叶全为刺叶，条状披针形，先端角质锐尖，三叶轮生。球果近球形，成熟时黑色，被白粉。

**地理分布：**

原产日本。

**引种评估：**

铺地柏于20世纪初引入我国，始建于1909年的上海黄园已有栽培。《花经》一书中称为“偃柏”：“偃柏，俗称‘地柏’，枝叶沿地面伸长，故得名。叶色翠绿，性强，……繁殖法以扦插最佳①。”但我认为《花经》中的偃柏指的就是铺地柏，而非产于东北张广才岭的偃柏（偃桧）*Juniperus chinensis* var. *sargentii* A. Henry。从形态上看，产于东北的偃柏小枝直展成密丛状，刺叶常交叉对生，而上海黄园栽培的偃柏沿地面伸长，刺叶常三叶轮生，书中又特别注明俗称“地柏”，因此可以认定上海黄园的偃柏即铺地柏。上海黄园的先辈在从日本引进云片柏、孔雀柏等品种时，也同时引进了铺地柏等其他品种，并在国内繁殖推广。

**园林应用：**

杭州公园、庭园中有栽培。铺地柏性喜阳，也稍耐蔽荫，喜温暖湿润气候，耐寒力强，对土壤要求不严，但在低湿积水或郁闭之地生长不良。在我国长江流域和黄河流域各城市的公园、庭园中常见栽培，常用于悬崖石壁、假山石隙配植、地面覆盖护坡及水土保持，也可作盆景材料。

**繁殖方法：**

用扦插繁殖。

① 黄岳渊、黄德邻合著：《花经》，上海书店1985年版，第221-222页。

## 2. 月桂 *Laurus nobilis*

樟科　月桂属

**形态特征：**

常绿小乔木，在原产地高12～20米，树皮黑褐色。叶片长圆形或长圆状披针形，长5.5～12厘米，宽1.8～3厘米。花单性，雌雄异株，花小，黄绿色。果卵珠形，熟时暗紫色。花期3～5月，果熟期6～9月。

**地理分布：**

原产地中海沿岸地区，是地中海亚热带气候的标志性树种。

**引种评估：**

我国青岛、南京、上海、厦门是较早引种月桂的城市。杭州植物园于1954年从上海引进苗木，种植于植物分类区，土壤为山地黄壤，长势旺盛。浙江农业大学华家池校区在建校初期的校园绿化中，也引进种植了月桂树，土壤为钱塘江冲积土，长势也很好。说明月桂对土壤的要求不严。这两起引种可能是杭州较早引进的月桂，后经扦插繁殖，在公园、宅院等处也有一些零星种植。

**园林应用：**

月桂在杭州呈灌木状，枝叶茂密，耐修剪，可造型成塔形、圆锥形、球形等形状。在绿化中多用于中下层的树丛布置，或用于绿地的中间分隔、隐蔽遮挡，也适宜作自然式绿篱。对二氧化硫、氯气和氟化氢均有较强抗性，很适宜工矿区绿化。

**其他用途：**

月桂的叶、果含芳香油，叶片可作调味香料，种子可榨油，供制皂及药用，是很有发展前途的芳香油料树，兼有园林观赏效果，值得推广种植。

**繁殖方法：**

用扦插繁殖，成活率高。

## 3. 红叶石楠 *Photinia × fraseri*

蔷薇科　石楠属

**形态特征：**

常绿灌木或小乔木，高达4～6米；小枝灰褐色，无毛。叶互生，长椭圆形或倒卵状椭圆形，长9～22厘米，宽3～6.5厘米，边缘有疏生腺齿，无毛。复伞房花序顶生，花白色，径6～8毫米。果球形，径5～6毫米，红色或褐紫色。

**地理分布：**

是光叶石楠（*Photinia glabra*）和石楠（*Photinia serrulata*）在国外杂交育成的杂交种，20世纪八九十年代从美国、新西兰传入我国。

**引种评估：**

红叶石楠又名费氏石楠，主要品种有‘红罗宾’，又名‘红知更鸟’'Red Robin'，和‘红唇’'Red Tip'，以上两种从美国引进。‘强健’'Robsta'从新西兰引进。21世纪初又从法国引进‘小叶’红叶石楠。其中‘红罗宾’应用最广。2004年，由施奠东先生推荐在杭州新建的天目山路等首次大量推广应用，以后全面铺开。

**园林应用：**

红叶石楠萌芽力强，耐修剪整形。初生叶红色鲜艳，一般可持续4～6周，渐转绿色。经修剪又不断萌发新叶，整体除冬季外可长期保持红色，以春季新叶色泽最艳，在园林绿化中用途极广。可作为公园、道路、河道、居民小区的色块、色带布置，也可修剪成球形、柱形、锥形等形状，在公共绿地及学校、机关、车站的广场和建筑物前对植、列植或散植，效果甚佳。

红叶石楠性喜阳，喜温暖湿润气候和微酸性、中性土壤，适生温度为-15～35℃，适生土壤pH为5.5～7，不耐水湿。

**繁殖方法：**

用扦插繁殖。红叶石楠扦插较易成活，取材简便，无论地插、盆插，只要管理得当，一般成活率可达95%以上。扦插的苗床应选择地势较高、排水通风良好、水源方便的砂壤土，精细整地，搭好阴棚。扦插时间以6月和9月进行为宜。插穗取当年生半木质化健壮新枝，剪成长6～8厘米具2节的插穗，下端截口在节下0.2厘米处，上端留1叶或2叶，留2叶者通常剪去叶片的上半部，以减少叶面蒸发。插后及时浇水遮阴，也有用塑料薄膜封闭的，目的也是为保持床土和空气湿润，便于管理。插后1个月左右开始愈合生根，翌年春季分栽培大。

## 4. 多花决明*Senna × floribunda*

豆科　决明属

**形态特征：**

为半常绿灌木（在绝对最低气温0℃以上地区呈常绿），高可达2米以上，树冠伞形或圆球形。叶为偶数羽状复叶，叶柄长2～3厘米，小叶2～3对，小叶长卵形或卵状披针形，基部歪斜，上面浓绿色，下面灰绿色，纸质，光滑无毛。总状花序，花黄色，7月中旬始花，8～9月盛花，10月花渐疏，至10月底结束。荚果呈棒状，长10～20厘米，下垂，种子12月成熟。

**地理分布：**

原产南美洲。

**引种评估：**

1985年引入我国，初在成都、重庆等西部城市试种，1994年杭州园林苗圃从成都植物园引进种苗，经苗圃扩繁后，在杭州城市绿化中推广应用。

**园林应用：**

多花决明具备生长快，花期长，花茂，耐干旱瘠薄，病虫害少，管理粗放等优点，最适宜在公路、河道两侧及山坡坡地等宽阔地带片植、丛植或带植，形成粗犷的景观效果。也宜在公园、庭园配植组景。

多花决明性喜阳，耐干旱，耐瘠薄，对土壤要求不严，但在湿润肥沃砂质土壤上生长最佳，在土壤瘠薄、干燥处易衰老。病虫害少，萌芽力强，耐修剪。

**繁殖方法：**

用播种繁殖。12月采种，日晒，荚果不易开裂，需人工辅助脱粒，种子置室内通风处干藏。翌年3月上旬播种，撒播或条播均可，播后1周左右发芽出土，出苗率达90%以上。5月上中旬可进行移栽，留床者应分数次进行间苗，留强去弱。当年即有部分植株开花。

## 5. 冬青卫矛 *Euonymus japonicus*

卫矛科　卫矛属

**形态特征：**

常绿灌木，又名正木，俗称大叶黄杨。高可达3米。叶片革质，通常倒卵形或椭圆形，长3～5厘米，宽2～3厘米，具光泽。聚伞花序5～12花，花白绿色。蒴果近球状，直径约8毫米，淡红色；种子每室1，顶生，椭圆状，长约6毫米，直径约4毫米，假种皮橘红色，全包种子。花期6～7月，果熟期9～10月。

**地理分布：**

原产日本本州南部、九州、四国等地。

**引种评估：**

100多年前传入我国，一般认为最初引入我国的地点是江苏的苏州、扬州等地。然后向四周地区扩散，现在华北及以南各地城市均有栽培。

**园林应用：**

有多种栽培变种，杭州常见的有以下几种：

‘金边’冬青卫矛*Euonymus japonicus* 'Aure-omarginatus'，叶缘金黄色。

‘金心’冬青卫矛*Euonymus japonicus* 'Aureo-variegatus'，叶片中部金黄色。

‘银边’冬青卫矛*Euonymus japonicus* 'Albo-marginatus'，叶缘银白色。

‘斑叶’冬青卫矛*Euonymus japonicus* 'Viridi-variegata'，叶面具白色或黄色斑点。

冬青卫矛性喜阳，较耐寒，对土壤适应性强，对二氧化硫、氯气、氟化氢等有害气体有较强的抗性，在净化空气、保护环境方面有重要价值。耐修剪，在园林上多作绿篱栽培，或作模纹色块材料，也可修剪成球形或柱形，点缀庭园和道路绿带。

近年在浙江省东南沿海岛屿发现有本种自然分布，但作为城市绿化应用的冬青卫矛确是100多年前从日本引进，故仍将此种列为外来树种。

**繁殖方法：**

用扦插繁殖，春、夏两季均可进行，易生根成活。也可用播种繁殖，春播，当年苗高可达20厘米左右。

‘金边’冬青卫矛

‘银边’冬青卫矛

## 6.茶梅 *Camellia sasanqua*

山茶科　山茶属

**形态特征：**

小乔木，嫩枝有毛。叶革质，椭圆形，长3～5厘米，宽2～3厘米，先端短尖；边缘有细锯齿。花大小不一，直径4～7厘米；花瓣6～7片，阔倒卵形，红色。蒴果球形，宽1.5～2厘米，1～3室，果爿3裂，种子褐色。

**地理分布：**

茶梅又称冬红茶梅。原产日本四国、九州及冲绳诸岛，在原产地为常绿小乔木，高可达12米，胸径达30厘米，由于长期的自然演变和人工选育，目前全世界茶梅品种已达500种左右。

**引种评估：**

茶梅在我国有着悠久的栽培历史，古籍南宋的《全芳备祖》，明代的《学圃杂疏》《瓶花谱》、清代的《秘传花镜》都有关于茶梅的记载。中国不产茶梅，为什么南宋之前就有茶梅栽培，从何而来?这个问题前人已有解答，因为盛唐以来日本不断派遣唐使到中国，学习唐朝的政治经济制度和文化科技，同来的还有留学生、留学僧。使团规模庞大，来时必向唐朝赠送礼品，茶梅或就在此时作为礼品带到中国，但数量不会很多。另一个来源可能是在明朝的时候，琉球正式成为中国的藩属国，向明朝进贡，人员交流频繁，或在此时有一部分琉球的茶梅传入中国，但比从日本传入的时间晚了很多。

茶梅在我国一直视为珍贵的观赏花木，仅在浙江、上海、江苏、广东等地的大城市有栽培。在杭州，20世纪90年代前，茶梅也只有在高级宾馆的庭园和专业园林单位内能见踪迹，直到1989年时任杭州市园林文物局局长施奠东先生提出在西湖边圣塘路将茶梅作为花篱应用，一举成功后，开始了大面积露地应用。因其在冬季开花，正是杭州百花凋零之时，茶梅叶绿花红，为萧条的冬季增添了生命的气息，深受群众的喜爱。

杭州栽培最广的茶梅品种是‘小玫瑰’，其次是‘粉玫瑰’和‘秋芍药’。

‘小玫瑰’又名‘冬红茶梅’，杭州一般群众认知的茶梅就是它，其实它只是茶梅中的一个品种，呈灌木状，高1～1.5米，多分枝，嫩枝红褐色，被毛，后脱落，芽有绢柔毛，叶片较厚，常二列状排列，椭圆形或长圆形，长2.5～6厘米，宽1.7～3厘米，先端锐而带钝，基部楔形或宽楔形，边缘有钝齿，叶面深绿有光泽。花常单生于小枝最上部叶腋，无花梗，玫瑰红色，半重瓣或几重瓣，花瓣35枚左右，花径5～7厘米，微香。蒴果木质，通常有2～3粒种子，但很少孕育。花期11月至翌年3月，果熟期9～10月。

‘粉玫瑰’也叫‘粉茶梅’，形态与‘小玫瑰’相似，唯叶面较平，花色深粉红。花期11月至翌年3月。

‘秋芍药’也称‘重瓣白茶梅’，在无锡称‘白芙蓉’，树身较直立，高可达7米，冠幅6米，叶椭圆形至宽椭圆形，长3.5～5厘米，宽2.5～3.5厘米，先端锐尖，基部楔形至宽楔形。花白色重瓣，花瓣有40～70枚，花径达10厘米以上，具芳香，花期10月下旬至翌年1月上旬。

我在日本曾看到一种柱形茶梅，高达2米余，树身修剪成圆柱形，开花时满树是花，宛如花柱，十分艳丽，在国内尚未看到这种花柱状的茶梅，也不知道是哪一品种。

**园林应用：**

茶梅喜温暖湿润气候，忌强光、干旱，喜深厚肥沃酸性砂质土壤，不耐盐碱和积水。

茶梅在园林应用上以盆栽、盆景和庭园绿化为主，但随着繁殖数量的增加，栽培技术的进步，在公共绿地的应用也越来越多，适宜孤植、对植、列植及自然式散植，但不宜作模纹色块状种植。

**繁殖方法：**

茶梅主要用扦插繁殖。6月中下旬当年萌发的新枝已经半木质化，新老枝交接处的节间组织已经充实，而此时正是杭州梅雨季节，气候温暖湿润，最适合茶梅扦插，只要管理得当，成活率可达98%以上。

## 7. 单体红山茶 *Camellia uraku*

山茶科　山茶属

**形态特征：**

常绿小乔木，高可达6米，新枝淡棕色，无毛，树皮灰褐色。叶革质，通常长圆状椭圆形，长6～10厘米，宽3～5厘米，先端渐尖，基部楔形，边缘常略反卷，具尖锐小锯齿，上面亮绿色，下面淡黄绿色。花通常1～2朵生于小枝顶端，有时兼有腋生，花无梗，桃红色或粉红色，花径5～8厘米，半开或漏斗状，花瓣5～7枚，倒卵圆形。极少结果。花期11月至翌年4月。

**地理分布：**

又名美人茶、杨妃茶。原产日本，早年引入中国，浙江省杭州、临安、宁波、普陀有栽培，杭州最大的单体红山茶种群在杭州植物园木兰山茶园内，有大小单体红山茶数十株，为1956年建园初期所植，现树高4～6米，平均地径38.45厘米，冠幅5～6米，最大单株地径51.5厘米，树高6米，可能是杭州现存最大的单体红山茶。

**引种评估：**

本种至今尚未发现野生自然分布，且基本不结实，由此有专家推测可能是红山花与滇山茶的杂交种。日本栽培甚广，我国早年从日本引进，较耐寒，喜生于土层深厚的酸性土壤，夏秋季喜半阴，但冬春二季需要充足阳光，否则枝叶稀疏，开花少，生长瘦弱。

**园林应用：**

单体红山茶枝叶繁茂，四季常绿，花量多，花期长，尤其是冬季百花凋零时，它却斗雪而开，深得人们喜爱，为一很值得推广应用的园林花木。

**繁殖方法：**

用扦插繁殖，方法同茶梅。

## 8. 日本厚皮香 *Ternstroemia japonica*

山茶科　厚皮香属

**形态特征：**

常绿小乔木，全体无毛，小枝较粗壮，圆柱形。叶片革质，长圆状椭圆形或倒卵状椭圆形，长3～6厘米，宽1.5～2.5厘米，先端钝圆或稍短钝尖，基部楔形而下延，边缘微反卷，通常全缘，叶面深绿色，入秋后变暗红色，下面淡绿色，叶柄长0.5～1厘米。花单生叶腋，淡黄白色，直径1～1.5厘米，花梗顶端下弯。果实卵状球形或卵状椭圆形，顶端具宿存的花柱，熟时红色，直径1～1.2厘米，种子肾形。花期6～7月，果熟期9～10月。

**地理分布：**

本种分布于我国台湾、日本及朝鲜南部。

**引种评估：**

杭州各公园及临安等地有栽培，一般认为我国栽培的日本厚皮香种源系从日本引进。日本厚皮香喜温暖湿润气候，能耐-10℃低温，在疏松肥沃、土层深厚的酸性土壤中生长良好。

**园林应用：**

日本厚皮香枝叶茂密，树冠浑圆，叶厚而富有光泽，入秋后转为暗红色，极具观赏价值，对二氧化硫有较强抗性，适宜在公园、庭园、广场等公共绿地作中层布置，也宜在工矿区绿化应用。

**繁殖方法：**

用播种、扦插、组织培养等方法繁殖。

## 9. 垂枝红千层 *Callistemon viminalis*

桃金娘科　红千层属

**形态特征：**

又名串钱柳。常绿小乔木，高5～8米，树皮灰褐色，纵皱裂，小枝细长而弯垂，嫩枝及幼叶被丝毛，后秃净。叶螺旋状互生，革质，条状披针形，两端渐尖，长4～9厘米，宽4～8毫米，中脉在两面突起，侧脉不明显。花单生在幼枝上，排成穗状花序，雄蕊多数，长约1.8厘米，鲜红色，是主要的观赏部位，花后中轴延生成新枝。蒴果半球形杯状，在细枝上紧密排列成串，因其枝叶似垂柳，故有“串钱柳”之称。在杭州4月下旬至5月上旬开花，秋季果熟，种子细小。

**地理分布：**

原产澳大利亚。

**引种评估：**

约21世纪初引入杭州，在公园、街道绿地略见栽培。在杭州已有近20个春秋考验，说明其有较强的适应能力，可以在杭州扩大栽培。

**园林应用：**

花艳丽夺目，花量大，为优良的观花树种。垂枝红千层性喜光，稍耐阴，喜高温湿润气候，不耐寒，对土壤要求不严，最适土壤为疏松肥沃、排水良好的中性或微酸性砂质壤土。

**繁殖方法：**

用播种繁殖。

## 附：黄金串钱柳 *Melaleuca bracteata*

桃金娘科白千层属。原产澳大利亚，约与垂枝红千层同期引入杭州，主要用于公园、庭园、街道绿地的小品配置。叶嫩黄色，鲜艳悦目，为优良的色叶树种。但耐寒性较弱，在杭州虽偶见有露地越冬的，但已到临界状态，如遇特大寒流恐有灭顶之虞，故应继续研究，选育抗寒品种，以利于应用。

## 10. 八角金盘 *Fatsia japonica*

五加科　八角金盘属

**形态特征：**

常绿灌木，高可达5米，茎常呈丛生状，有白色大髓心。叶片大，直径13～19厘米，革质，有光泽，掌状7～9深裂，基部心形，叶柄长10～30厘米。大型圆锥花序顶生，花黄白色。果近球形，径约8毫米，熟时紫黑色。花期10～11月，果熟期翌年4月。《花经》称本种为掌叶桐，谓其叶"大若人掌，形状似桐，因是得名"①，也很形象。

**地理分布：**

原产日本本州、四国、九州，19世纪末引入我国，长江以南地区栽培甚广。

**引种评估：**

在杭州能安全越冬，夏季只要有适当蔽荫也不会有日灼之虞，现广泛用于乔木下层及林缘配植，在屋宇、亭榭、假山一隅配植也很得宜。近年来高架路发展甚速，高架路下的环境让一般树种难以适应，却成为八角金盘的用武之地，以目前情况来看，八角金盘是高架路下生长最好、效果最佳的一个树种。

**园林应用：**

八角金盘叶大而厚，叶色浓绿，四季常青，是优良的观叶树种。八角金盘属半阴性植物，忌阳光暴晒，畏寒也畏干热天气，喜温暖湿润通风良好环境，对土壤要求不严，一般在中性、微酸性或微碱性土壤中均能适应，喜肥，不耐积水。

**繁殖方法：**

八角金盘在杭州结实良好，4月果实成熟时采收，洗净，置通风处晾干，在4月底或5月初撒播，1个月左右出苗，夏秋季宜搭棚遮阴，翌年春分栽。也可用扦插、分株繁殖。

① 黄岳渊、黄德邻合著：《花经》，上海书店1985年版，第424页。

## 11. 洒金珊瑚 *Aucuba japonica* var. *variegata*

山茱萸科　桃叶珊瑚属

**形态特征：**

常绿灌木，高1～2米。枝和叶均对生，叶厚纸质至革质，卵状椭圆形、长椭圆形或倒卵状椭圆形，长6～14厘米，宽3～7.5厘米，先端尾状渐尖，基部近圆形或阔楔形，边缘1/3以上疏生粗锯齿，上面绿色，具黄色斑点，有光泽。本种在《花经》一书中，被称为“青木”。书中介绍：“此木又因叶色之不同，而可为下列三种:一，金边叶；二，金斑叶；三，金缘叶。”而金斑叶就是我们现在说的洒金珊瑚。书中对金斑叶有较详细的介绍：“金斑叶，绿叶中有黄色斑点也，而也分二种：其一黄斑多而密，另一则黄斑少而色淡，均在初夏开小花，后即结果，入冬变红，酷似小红枣[①]。”现在我们没有分得这么细，凡叶上面有大小不等的黄色或淡黄色斑点均称洒金珊瑚。

**地理分布：**

原产日本。

**引种评估：**

约于19世纪末与八角金盘同时期传入中国。是东瀛珊瑚的一个栽培品种。洒金珊瑚性畏寒，尤畏烈日强光和干燥气候，这与原种东瀛珊瑚长期生长于郁闭度较大的湿润山谷、溪边或阴湿岩石下形成的习性有关。

**园林应用：**

园林中应配植在蔽荫湿润之处，如林下、林缘、建筑物旁，避免夏秋季阳光直射。也可作盆栽供室内观赏。

**繁殖方法：**

洒金珊瑚用扦插繁殖。进入伏天，当年生枝条已趋成熟，即可剪下扦插。插穗取2～3节，上部留两叶，各剪去一半，插后蔽荫，并保持土壤湿润，易成活。入冬需防寒，插于圃地的应搭暖棚保护，插于盆钵或木箱的应及时搬入室内，以利安全越冬。

① 黄岳渊、黄德邻合著：《花经》，上海书店1985年版，第404页。

## 12. ‘金森’女贞 *Ligustrum japonicum* 'Howardii'

木樨科　女贞属

**形态特征：**

常绿小乔木或灌木，是日本女贞的一个园艺栽培品种，高可达2～3米，小枝灰褐色，具灰白色散生皮孔。叶长卵形，厚纸质，长6～7厘米，宽3～4厘米，先端钝尖，基部楔形，全缘，稍背卷，成熟叶上面深绿色，下面灰绿色，新叶金黄色，叶柄长3～5毫米。圆锥花序顶生，花冠白色。浆果状核果长圆形，熟时紫黑色。在杭州花期5～6月，果熟期10月。

**地理分布：**

原产日本。

**引种评估：**

20世纪末由浙江森禾种苗公司自日本引进，因新叶金黄色且由森禾公司引进，故取名‘金森’女贞，在杭州生长良好，繁殖甚速，于21世纪初开始在杭州城市绿化中广泛应用。

**园林应用：**

‘金森’女贞植株强壮，节间短，枝叶稠密，萌芽力强，耐修剪，新叶金黄，色彩悦目，对病虫害抗性强，未发现女贞白蜡蚧危害，是优良的绿篱、地被、花境材料。在园林配置上可片植于绿地疏林下或树丛林缘，也可用于道路绿化的模纹色块种植，在建筑物前列植作为绿篱，用以遮挡和间隔空间，在庭园入口处对植两丛或在园内一隅丛植数株，均甚适宜。

‘金森’女贞性喜阳，稍耐阴（在蔽荫处新叶叶色较淡，枝叶较疏），耐旱、耐热性较强，也能耐-9.8℃低温，对土壤要求不严，在酸性、中性和微碱性土壤中均能生长。

**繁殖方法：**

用扦插繁殖。一般在梅雨季（6月中旬至7月上旬）或秋季（8月下旬至9月上旬）进行，取生长健壮的半成熟枝，剪成长5～7厘米（通常2～3节）插穗，留上部一对叶片，插入土中2/3，插后必须蔽荫，并保持土壤湿润，免受日灼、干燥等不利环境危害，1月余可逐渐愈合生根。

## 13.‘银姬’小蜡 *Ligustrum sinense* 'Variegatum'

木樨科　女贞属

**形态特征：**

又名花叶小蜡。为常绿灌木或小乔木，树干灰白色或灰褐色，枝柔软。叶对生，卵形、卵状长椭圆形或近椭圆形，先端钝，常歪斜，基部楔形，长2.5～3厘米，宽1～1.5厘米，表面灰绿色，边缘有不规则淡黄色镶边和墨绿色斑块。

**地理分布：**

由日本园艺家从小蜡芽变中选出。

**引种评估：**

约20世纪90年代传入中国，杭州在21世纪初即有‘银姬’小蜡的栽培应用。‘银姬’小蜡性喜光，也耐半阴，耐旱、耐热性特强，2006年《中国花卉报》曾报道，该年重庆大旱，在长达60余天的高温干旱中，公共绿地和苗圃中的植物枯死严重，唯有‘银姬’小蜡大难不死，表现出极强的抗性，也是经过这次特大高温干旱灾害的考验，‘银姬’小蜡抗旱抗热的优良特性得到了确认。其对土壤的适应性也很强，在微酸性、中性及pH8以下的碱性土壤中均生长良好，对肥力的要求也不高。银姬小蜡的另一个优点是具有极强的萌发力，特别耐修剪，可以修剪成球形、柱形、方形等各种形状，作者曾在日本看到一株‘银姬’小蜡球，高和径均约2米，修剪得十分精细圆满。

**园林应用：**

‘银姬’小蜡叶色灰绿，边缘有黄色镶边和墨绿色斑块，可谓别具特色，在园林上用于布置各类绿地，尤其在阳光强烈的道路绿化中，因其抗旱抗热性特强而更有优势，也可作绿篱应用。

**繁殖方法：**

用扦插繁殖。

## 14. ‘金叶’女贞 *Ligustrum ovalifolium* 'Vicaryi'

木樨科　女贞属

**形态特征：**

半常绿灌木，嫩枝黄色微带紫红。叶交互对生，稀互生或轮生，叶片椭圆形，长2.1～3.1厘米，宽1.1～1.7厘米，先端渐尖，基部楔形，叶面稍内折。3月中旬开始展叶，初为淡绿色，4月中旬开始逐渐变为鲜黄色，这是‘金叶’女贞最具观赏性的时段，后渐变成淡绿色，但新发叶始终保持黄色，直到11月中旬叶色逐渐变成暗紫红色，至翌年春，老叶凋落，新芽萌发，开始新一轮的生长。在杭州能正常开花结实，花期4～5月，顶生圆锥花序，长6～10厘米，小花白色，花瓣4片，略有清香。核果于10月中旬至11月初成熟，呈蓝黑色，长圆球形。

**地理分布：**

本种是加州金边女贞与欧洲女贞的杂交种，在德国育成。

**引种评估：**

1983年北京园林科学研究所从德国引入北京栽培，1991年杭州园文局从北京引进少量小苗种植于太子湾公园，获得成功，因叶色喜人，遂在杭州迅速发展。‘金叶’女贞在杭州受斑点病和女贞白蜡蚧危害比较严重。斑点病是一种由真菌引起的疾病，严重时大量落叶，影响生长和观瞻；女贞白蜡蚧固着于树枝上抽吸汁液，造成枝条枯死，严重时全株死亡。此虫害在种植密集、通风不良的道路色块中尤为严重。由于此两种病虫的危害，使金叶女贞在杭州的发展受到很大的影响。近年已很少采用，但这两种病虫都是有办法防治的，只要种植密度不要太大，注意通风，适量施药，是完全可以控制的。金叶女贞本身是一种优良的色叶树种，叶色亮丽，在园林景观的配置上有其独特的价值，不应放弃。

**园林应用：**

‘金叶’女贞性喜光，耐寒，可在微酸性、中性、微碱性土壤中生长，在微碱性土壤中生长表现更好，色泽更鲜亮，但不耐干旱和瘠薄，萌芽力强，耐修剪。对二氧化硫抗性强。

在园林应用上，‘金叶’女贞可作为公园、庭园、街道绿地的灌丛布置，或作绿篱、色带、色块种植，也可修剪成球，与红花檵木球、红叶石楠球等搭配，适用于各类绿地配植。

**繁殖方法：**

可用扦插、播种繁殖。在生产上多采用扦插法，在生长季节均可进行，但以6～7月上旬期间扦插最佳，成活率高，生根快，翌年春即可分栽培大。‘金叶’女贞种子在杭州10月中下旬成熟，熟后采收洗净，晾干后装袋过冬，翌春播种，小苗叶色仍保持金黄。但因扦插方便，播种很少采用。

## 15. 夹竹桃 *Nerium oleander*

夹竹桃科　夹竹桃属

**形态特征：**

常绿大灌木，高1.5～3米，枝灰绿色。叶3～4片轮生，在枝下部的常对生，叶片革质，线状披针形，长8～12厘米，宽1.2～2.5厘米，先端渐尖，基部楔形，边缘反卷。聚伞花序顶生，多花，花冠深红或粉红色，具芳香。花期6～10月，但很少结实。

**地理分布：**

原产伊朗、印度，现广泛种植于世界热带及亚热带地区。

**引种评估：**

夹竹桃传入我国也很久了，元李衎（1245—1320）的《竹谱详录》记载："夹竹桃自南方来，名拘那夷，又名拘拏儿。花红类桃，其根叶似竹而不劲，足供盆槛之玩。[①]"如此看来，夹竹桃在我国至少也有800年以上的栽培历史了。先由域外传入岭南，而后再传及各地，因叶似竹而花似桃而得名。

**园林应用：**

夹竹桃喜光，喜温暖湿润气候，有较强的耐旱力，但不耐寒，所以北方皆盆栽，冬季要移入室内。在杭州可露地安全越冬，主要用于公园及公路、铁路两侧、河道边沿绿化。因其有极强的耐烟尘、抗污染能力，特别是对二氧化硫、氯气抗性极强，是化工厂、电厂、药厂、钢铁厂等单位的优良绿化树种，有净化空气、美化环境的作用。但不宜在幼儿园、学校、医院、食堂周边种植，因其叶、树皮、根、花、花粉均含夹竹桃苷，毒性极强，误食即可致命，尤其是花粉随风飘扬防不胜防，对儿童危害尤甚，故幼儿园、小学绝不宜栽种。

夹竹桃因自身含有极毒的有机物质——夹竹桃苷，因此它不易遭受病菌和昆虫侵害，很少有病虫害发生。

栽培变种有'白花'夹竹桃*Nerium oleander* 'Album'，与原种的差别是花为白色。常与原种混种。

**繁殖方法：**

用压条、扦插、分株繁殖。

①（元）李衎著，吴庆峰、张金霞整理：《竹谱详录》卷七，济南：山东画报出版社2006年版，第135页。

## 16. 大花六道木 *Abelia × grandiflora*

忍冬科　糯米条属

**形态特征：**

常绿灌木，株高可达2米。小枝细圆，弓形，阳面紫红色。叶小，长卵形，长2.5～3厘米，宽1.2厘米，上面亮绿色，新叶金黄色。圆锥状聚伞花序，花小，喇叭形，上部5裂，粉白色，花茂，具芳香。花期6～10月，有时延续到11月，络绎不绝。

**地理分布：**

大花六道木是一个杂交种，由糯米条（*Abelia chinensis*）与单花六道木（*Abelia uniflora*）杂交而成，在欧洲又育成数个园艺品种。

**引种评估：**

约在20世纪末引入杭州。目前杭州栽培的品种有：

‘法兰西’'Francis Masen'，又名‘金叶’大花六道木，叶边缘及嫩叶金黄色；

‘矮美人’，又名‘矮白’六道木，植株低矮，开白花；

‘爱德华’，又名‘粉花’六道木，小枝细长，拱曲，开粉红色花。

以金叶大花六道木应用最广。性阳性，喜温暖湿润气候，也耐半阴，耐寒（-10℃）、耐旱力强，对土壤要求不严，最适中性偏酸、肥沃疏松土壤，也能在瘠薄、轻盐碱土上生长，抗短期洪涝。

**园林应用：**

‘金叶’大花六道木新叶金黄，色泽光亮，枝条柔顺下垂，树姿婆娑，花繁，花期久而芳香，既可赏叶，又可观花，无论是作为园林配植或是作为绿篱和花径都非常适宜。目前主要用于道路绿化的模纹色块种植，因其萌蘖力强，耐修剪，性喜阳，耐旱等特点，十分适合在道路绿化上应用。

**繁殖方法：**

主要用扦插繁殖。冬季或早春可用一年生成熟枝扦插，夏秋季用当年半成熟枝扦插，需拉遮阳网遮阴，并保持床土湿润，成活率可达90%以上。

‘金叶’大花六道木

## 17. 地中海荚蒾 *Viburnum tinus*

忍冬科　荚蒾属

**形态特征：**

常绿灌木，树冠呈球形，冠径可达2.5～3米。叶椭圆形，深绿色，长10厘米。聚伞花序，单花小，花径仅0.6厘米，花蕾粉红色，花蕾期很长，在杭州10月初便可见细小的黄绿色花蕾，随着花序的伸长和花蕾的生长，花蕾越来越密集覆盖于枝顶，颜色也逐渐加深呈粉红色，远远望去似一片片红云，为寒冷的冬日增添了不少暖意和生气，这也是地中海荚蒾最佳的观赏期。3月上中旬始花，中下旬达开花盛期，盛开时花白色，花序直径可达10厘米，在墨绿色的枝叶上变成了一片白云。果卵形，深蓝黑色，径0.6厘米。

**地理分布：**

原产欧洲地中海地区。

**引种评估：**

20世纪末上海植物园最早引进地中海荚蒾，并在上海、江苏等地推广应用，不久传入杭州，在21世纪初改造的玉古路机非隔离带上就已采用地中海荚蒾，生长良好。地中海荚蒾性喜光，耐半阴，能耐-10℃低温，对高温和干旱也有较强耐力，在杭州可安全越冬、越夏。对土壤要求不严，忌积水。有叶斑病和粉虱危害，需注意防治。

**园林应用：**

地中海荚蒾生长快速，树体不高而枝叶繁茂，耐修剪，很适宜作绿篱、绿带材料，用以分隔空间，如城市道路中的机非隔离带、广场和公园的功能分隔带都很适宜，也可散植于公园、庭园观赏，是冬季不可多得的观花常绿灌木。

**繁殖方法：**

用播种和扦插繁殖。种子采收后洗净沙藏，待秋凉时播种。扦插最宜在5月下旬至6月中旬的梅雨期进行，此时温度适中，空气湿润，最利插穗愈合生根。

# ㊃ 落叶灌木与小乔木

## 1. 无花果 *Ficus carica*

桑科 榕属

**形态特征：**

落叶灌木，高3～10米。杭州市栽培的无花果，常呈灌木状，高1.5～3米，多分枝。叶互生，厚膜质，宽卵形或矩圆形，长10～20厘米，常3～5裂，基部浅心形。无花果，虽名无花，实有小花，隐生于梨形之花托内，花托呈绿色，有短梗，单生于叶腋间。花5月始开，遇霜而停。果自立秋起陆续成熟，成熟果直径4～5厘米，顶部具孔，凹陷，暗紫色或淡黄色，肉赤紫色，质柔软。

**地理分布：**

原产西南亚及地中海地区，又名“优昙钵”“映日果”“蜜果”。

**引种评估：**

栽培历史悠久，公元前700年希腊诗人阿其劳撒斯（Archilochus）的诗歌中已记载无花果的栽培。在《圣经》上也有多处提到无花果。我国最早记载无花果的是唐朝段成式的《酉阳杂俎》，书中称为“阿驿”：“阿驿，波斯国呼为‘阿驲’，拂林呼为‘底珍’。树长丈四五，枝叶繁茂。叶有五出，似椑麻，无花而实。实赤色，类椑子，味似甘柿，而一月一熟。[①]”说明无花果至少在唐时已传入我国。清朝陈淏子的《花镜》对无花果有更详尽的记载：“五月内不花而实，状如木馒头。生青熟紫，味如柿而无核。植之其利有七：一、味甘可口，老人小儿食之，有益无损；二、曝干与柿饼无异，可供笾实；三、立秋至霜降，取次成熟，可为三月之需；四、种树取效最速，桃李亦须三四年后结实，此果截取大枝扦插，本年即可结实，次年便能成树；五、叶为医痔胜药；六、霜降后，如有未成熟者，可收作糖蜜煎果；七、得土即活，随地广植，多贮其实，以备歉岁。[②]”无花果有此七利，故在我国各地栽培甚广，杭州也不例外。

**园林应用：**

无花果可鲜食或制果干、果酱、蜜饯，味美，富含葡萄糖和胃液素，能助消化，并有治疗咳嗽、咽喉肿痛、便秘、痔疮的功效。根和叶可治肠炎、腹泻，外敷能消肿解毒。庭园中种植一二，既可美化环境，又可享美味口福，一举双得也！

无花果有多个栽培品种，《花经》记载：“无花果大别之有两种：（一）果皮紫暗色者，性最强，生果最丰，酸味较烈。（二）果皮淡黄色者，收获较少，售价倍蓰，品质亦良。[③]”

无花果为强喜光树种，不耐庇荫，喜温暖湿润气候，不耐严寒。当温度低于-5℃时嫩梢会出现冻害。对土壤要求不严，但在排水良好、土层深厚肥沃的中性土或微碱性土中生长良好，尤在pH7.2～7.5时生长最好，不耐涝，较耐旱。树干易遭天牛危害（星天牛、桑天牛、黄星桑天牛），成虫于6月中下旬至7月上中旬产卵于枝干上，幼虫孵化后蛀食树皮，后蛀入木质部危害，并向外排出粪屑，严重时植株布满蛀道，生长受阻，甚至枯死。防治天牛是栽培无花果成败的主要关键，必须特别注意防治，在天牛羽化、产卵期，于清晨人工捕杀成虫、虫卵及幼虫。幼虫蛀入木质部后用铁丝将蘸过40%毒死蜱乳油或50%敌敌畏乳油的棉球塞进天牛排泄口，再用泥土封死，通过熏蒸杀死幼虫。

**繁殖方法：**

无花果用扦插繁殖。春日，在芽未萌动前，取健壮1～2年生枝条，剪成长10～15厘米插条，插入土中2/3以上，仅露2厘米即可，保持土壤湿润，易成活。

2～3年开始结果，6～7年进入盛果期，40～50年结实不衰，在适宜环境下寿命可达百年。

①（唐）段成式著：《酉阳杂俎》卷十八，济南：齐鲁书社2007年版，第130页。
②（清）陈淏子撰，陈剑点校：《花镜》，杭州：浙江人民美术出版社2015年版，第144-145页。
③ 黄岳渊、黄德邻合著：《花经》，上海书店1985年版，第169页。

## 2. 帚型桃（‘照手红’）*Prunus persica* 'Terutebeni'

蔷薇科　李属

**形态特征：**

落叶小乔木，树干灰黑色，小枝灰黄色，直立，分枝角度小。叶绿色，椭圆状披针形，长7～13厘米，宽3～4厘米，叶缘具细浅齿。花红色，先叶开放，花蕾卵形，花瓣卵形，花径4～5厘米，重瓣梅花型，花瓣数17～24枚，雄蕊多数，花丝红色。果实绿色，圆形。花期4月，果熟期8月。

**地理分布：**

帚型桃是桃花众多品种中极为独特的一个类型，也被称作“塔型桃”“柱形桃”。最早起源于日本的江户时代（17～19世纪），1695年伊藤伊兵卫三之丞在其著名的《花坛地锦抄》中就已经有关于帚桃的记载[①]。帚型桃最显著的特点就是侧枝分枝角度小，树冠窄，极适合作道路中间隔离带和机动车、非机动车隔离带的绿化种植。

**引种评估：**

帚型桃于2015年由施奠东先生从山东引入杭州，首先在曙光路种植，第二年在浙大路种植，以后在杭州市内推广，深得群众好评。杭州栽培的帚型桃品种大部分是开红花的‘照手红’，偶尔也可见少数开白花的‘照手白’和开粉红色花的‘照手桃’（花瓣18～24枚）和‘照手姬’（花瓣25～32枚），至于开复色花的帚型桃，很少见到，故以‘照手红’作为帚型桃的代表在此介绍。

**园林应用：**

根据最新观赏桃花品种分类系统，将桃花品种分为山碧桃类、垂枝桃类、帚型桃类、直枝桃类、寿星桃类和曲枝桃类，各类根据花型和花色的不同又分为很多品种。帚型桃是6个桃花类型中其中之一，而帚型桃品种群包括‘照手白’、‘照手姬’、‘照手桃’、‘照手红’等品种。

帚型桃性喜阳，耐旱，有一定的耐寒力。喜湿润、肥沃、通气、排水良好的土壤，在pH5～8之间的砂质或黏质土壤中均能生长，但以pH6.0左右为好，不耐水涝。

**繁殖方法：**

用嫁接繁殖。南方各地多采用毛桃1～2年生小苗为砧木。毛桃主根较浅，须根发达，具有耐旱、耐瘠薄、耐水湿的特性，适合南方气候环境。毛桃种子一般在8月成熟，分为秋播和春播两种，秋播在10～11月间进行，让种子在圃地自然通过休眠，春播的种子需进行层积沙藏处理以打破休眠，翌年3月播种。嫁接的方法主要采用枝接和芽接两种，枝接（切接或劈接）在春季开花前进行，芽接在6～9月进行。芽接可以节省接穗量，用于快速大批量繁殖。

① 胡东燕、张佐双：《观赏桃》，中国林业出版社2010年版，第102页。

## 3. 日本晚樱 *Prunus serrulata* var. *lannesiana*

蔷薇科　李属

**形态特征：**

落叶小乔木，树高10米，树皮粗糙，淡灰色，小枝粗壮而平展，无毛。叶卵形至长椭圆形，长5～15厘米，宽3～8厘米，先端渐尖呈长尾状，基部宽楔形，边缘具带长刺芒的重锯齿。花与叶同时开放，初放时淡紫褐色，花重瓣，大而芳香，2～5朵排成伞房花序，常下垂，花瓣顶端凹陷。

**地理分布：**

日本晚樱在日本归属“里樱”类。原种产于日本伊豆半岛，但其变种、变型、品种在日本全国栽培甚广。

**引种评估：**

约与日本早樱同期引入我国，上海、杭州、南京、青岛等是较早引种日本晚樱栽培的城市。日本晚樱的变种、变型和品种很多，我国栽培的或仅其中之少数。最常见的有关山樱，又名‘八重红大岛’，花大，径3～4厘米，微红，外层及边缘为浓红色，重瓣，芳香，4月花叶同放。杭州栽培的多为此种。

**园林应用：**

日本晚樱花色鲜艳亮丽，枝叶繁茂旺盛，是春季重要观花树种，可植于公园、庭园、山坡、路边、建筑物前，盛开时花繁艳丽，满树烂漫。

日本晚樱性喜充沛的散射光和温暖湿润的气候，有较强的耐寒力和一定的抗旱力，根系浅，对大风抗力弱，不耐水湿和盐碱，对有毒气体、烟尘及海潮风抗性较弱。不耐修剪，适宜土层深厚、疏松肥沃、排水良好的砂壤土或壤土，pH5.5～6.5，忌积水。

**繁殖方法：**

用嫁接或扦插繁殖，砧木用日本早樱。

## 4. 日本木瓜 *Chaenomeles japonica*

蔷薇科　木瓜属

**形态特征：**

曾名倭海棠、日本海棠。矮小落叶灌木，高约1米，多呈丛生状，枝条开展，具细刺，2年生枝被疣点。叶倒卵形、匙形或宽卵形，长3～5厘米，宽2～3厘米，先端圆钝，稀微尖，基部楔形或宽楔形，边缘具圆钝锯齿。花先叶开放，3～5朵簇生，多生于枝条下部，花梗短或近无梗，花瓣砖红色，倒卵形或近圆形，花径2.5～4厘米。果近球形，径3～4厘米，熟时黄色。花期3～6月，果熟期8～10月。

**地理分布：**

原产日本。

**引种评估：**

我国早年引入，陕西、江苏、浙江、上海、福建等地公园及庭园中习见栽培。性喜阳，亦耐半阴。适生于排水良好的酸性和中性土壤，在盐碱和黏性土中生长不良，忌积水，较耐寒。

**园林应用：**

日本木瓜树形低矮，花美丽，适宜在假山、台阶、园路及庭园一隅配植点缀，也可作盆栽置阳台、客厅观赏。

日本木瓜在我国曾长期被称之为倭海棠，但“倭”有轻辱之嫌，故改称“日本海棠”，但其在植物分类上属木瓜属，在《中国植物志》和《中国树木志》中均改称为“日本木瓜”，对这一名称很多人不太熟悉，但知道它就是倭海棠也就不生疏了。

**繁殖方法：**

繁殖以扦插为主，也可用分株、压条繁殖。扦插在春、秋两季进行，选取健壮枝条剪成长10厘米左右的插穗，插在透气良好的沙质土中，浇水保持床土湿润，适当遮阴，约30天生根，翌春移栽；分株也宜在春、秋两季进行；压条全年都可进行，待生根后剪离母休。

## 5.‘金焰’绣线菊 *Spiraea × bumalda* 'Coldflame'

蔷薇科　绣线菊属

**形态特征：**

落叶小灌木，高50～90厘米，冠幅可达90～120厘米，老枝黑褐色，新枝黄褐色，枝条呈折线状生长，不通直，质柔软。叶卵状披针形，单叶互生，边缘红色，有桃形锯齿。花蕾和花玫瑰红色，10～35朵聚成复伞形花序，花期5月中旬至10月中旬，盛花期为5月中旬至6月上旬。叶色随季节而变化，3月上旬开始萌芽，新叶橙红色，4月中旬后老叶呈金黄色，新叶仍为橙红色，夏季叶色变绿或黄绿，新叶为淡红色，8月中旬后叶色为红、橙、黄相间，11月中旬霜降后叶片变红色，12月中旬开始落叶，色叶期近8个月。

**地理分布：**

原产美国。

**引种评估：**

1990年从美国明尼苏达州的贝蕾苗圃引入，在北京、上海、杭州等地生长良好。冬季落叶后应及时进行修剪。金焰绣线菊喜光，在阳光充足处叶色鲜艳，开花量大，半阴环境下也可生长良好。对土壤要求不严，在酸性土、中性土及微碱性土壤中均可生长。在湿润、肥沃、富含腐殖质的土壤中生长茂盛。生长季需要水分较多，但也有一定的耐旱力，怕涝，耐寒性强。喜四季分明的温带气候，在无明显四季变化的南亚热带、热带地区生长不良。

**园林应用：**

‘金焰’绣线菊株型低矮，叶色鲜艳，富有季相变化，花期长，花量大，是花、叶俱佳的优良地被植物，适宜群植作大型色块、色带，也可与其他花灌木或宿根花卉配置作花境及模纹图案，布置于广场、路边、林缘、坡地等处。

**繁殖方式：**

用分株和扦插繁殖。

分株一般在秋季9～10月或春季2月底3月初进行。

扦插在生长季均可进行，插穗的选取以顶梢部位和中段为好，下部枝条成活率低，不宜采用。扦插期中如遇大雨，需加盖薄膜，以免枝叶霉烂，影响成活。

## 6. ‘金山’绣线菊 *Spiraea* × *bumalda* 'Gold Mound'

蔷薇科　绣线菊属

**形态特征：**

落叶小灌木，株高仅30～60厘米，枝条呈折线状斜展，冠幅可达60～90厘米。3月上旬展叶，叶卵形，单叶互生，新叶金黄色，夏季转黄绿色，8月中旬开始又逐渐转为金黄色，10月中旬后叶色带红晕，12月初开始落叶，色叶期达8个月。花期从5月中旬起至10月中旬，盛花期5月中旬至6月上旬。花蕾和花均为粉红色，10～35朵聚成复伞形花序，花期长达5个月。

**地理分布：**

原产美国。

**引种评估：**

1990年从美国明尼苏达州贝蕾苗圃与金焰绣线菊同时引入我国。‘金山’绣线菊植株低矮，叶色鲜艳，观叶期长，且随季节富有变化，花粉红，花期长，是观叶、观花俱佳的优良地被植物。

**园林应用：**

习性与‘金焰’绣线菊相似。宜在阳光充足的坡地、路边、林缘群植作大型色块、色带，也宜作花坛、花境材料，也可作盆栽置于阳台、窗前观赏。

**繁殖方法：**

用分株、扦插繁殖，方法同‘金焰’绣线菊。

## 7. 毛洋槐 *Robinia hispida*

豆科　刺槐属

**形态特征：**

落叶灌木，高1～3米。嫩枝、花序轴及花梗被红色刺毛，2年生枝褐色无毛，托叶不变成刺状。奇数羽状复叶，小叶片7～13枚，椭圆形、卵形、阔卵形至近圆形，长1.8～5厘米，先端芒尖。总状花序腋生，具3～8朵花，花萼紫红色，斜钟形，花冠红色至玫瑰红色，甚美丽。荚果革质，长圆形，长5～8厘米，密被腺刚毛，先端急尖，果颈短，有种子3～5粒。荚果多不发育，结籽少。

**地理分布：**

原产美国弗吉尼亚州、肯塔基州、佐治亚州及亚拉巴马州。杭州有栽培，引入时间不详。

**园林应用：**

毛洋槐花大色艳，宜于公园草坪边缘、园路两旁丛植或孤植，供观赏。本种在东北南部及华北地区栽培较多。

性喜光，较耐寒，喜排水良好土壤。

**繁殖方法：**

用分株和嫁接繁殖。嫁接以刺槐为砧木，常高接于树干1.5～2米处，使成乔木状，供绿化应用。

## 8. 羽扇槭 *Acer japonicum*

槭树科　槭属

**形态特征：**

落叶小乔木，通常树高8～10米，树皮平滑，淡灰褐色或淡灰色，当年生枝紫色或淡绿紫色。叶纸质，对生，掌状或圆扇状，直径9～12厘米，基部深心脏形，通常9裂，稀7裂或11裂；裂片卵形，先端锐尖，边缘具锐尖的锯齿，入秋呈深红色，极艳丽。花紫色，常呈被短柔毛的顶生伞房花序。翅果嫩时紫色，成熟时淡黄绿色。花期5月，果期9月。

**地理分布：**

又名日本槭，原产日本北海道、本州、四国，在朝鲜也有分布。

**引种评估：**

我国引种羽扇槭当在1934年前，当年庐山植物园建园时已发现庐山少数别墅内有羽扇槭的栽培，或是当初日本人在建别墅时种植。1936年庐山植物园从日本引进种子繁殖，后又从各别墅里剪取枝条与鸡爪槭嫁接取得成功。在庐山海拔较高的牯岭一带生长良好。羽扇槭在杭州也早有栽培，但起于何时，从何处而来却无处查证。一般认为最有可能的是在清末民初刘庄建园时期，从日本购买鸡爪槭等园艺植物时也包括有羽扇槭而进入杭州，后由花工匠人采种育苗和嫁接繁殖，遂在杭州园林中有少量栽培。

**园林应用：**

羽扇槭为著名的庭园观赏树种，欧美等地广为引种。羽扇槭可谓是观赏树木中的珍品，花、叶俱佳，但生长环境要求也较严苛，特别是如遇高温干燥天气，叶片极易枯焦脱落，故选择适宜的环境尤为重要。这也是羽扇槭在杭州数量较少的原因。

**繁殖方法：**

用嫁接繁殖，用鸡爪槭做砧木，行切接或芽接。

# ㊄ 藤本

## 1.洋常春藤 *Hedera helix*

五加科　常春藤属

**形态特征：**

常绿木质藤本，茎蔓可长达10余米，借枝茎上气生根吸附树干、岩石、墙垣等物攀缘，有时也匍匐生长。叶二型，在营养枝上呈广卵形或宽掌形，3～5裂，裂片三角卵形或戟形，先端渐尖或钝，基部心形或平截，长5～12厘米，宽3～11厘米，上面暗绿色，叶脉带白色，下面苍绿色或黄绿色。在生殖枝上叶呈卵形、卵状菱形至长卵状菱形，全缘，先端渐尖至长渐尖，基部楔形至宽楔形，长5～14厘米，宽2～6厘米。伞形花序球状，顶生，花黄白色，芳香。浆果圆球形，熟时黑色。花期9～12月，果熟期翌年4～5月。

**地理分布：**

原产欧洲至高加索，19世纪末期传入我国。

**引种评估：**

20世纪80年代中期后，室内观叶植物兴起，洋常春藤及其栽培品种因性耐阴而姿态飘逸，成为室内盆栽观赏的优良材料，尤以置高几悬垂铺散最耐欣赏。

栽培品种较多，杭州常见的有：

1.‘金边’常春藤*Hedera helix* 'Aureo-Marginata'，叶缘金黄色。

2.‘金心’常春藤*Hedera helix* 'Goldheart'，叶3裂，中心有金黄色斑。

3.‘银边’常春藤*Hedera helix* 'Silver Queen'，叶灰绿色而具白色边缘。

4.‘彩叶’常春藤*Hedera helix* 'Discolor'，叶小，叶具乳白色斑并染红晕。

**园林应用：**

洋常春藤主要用于建筑物墙面、栅栏、假山、枯树、挡墙的垂直绿化，也可用作林下、地被，其中有些枝条会攀扶树干上升，别具一格。

**繁殖方法：**

繁殖主要用扦插法。成熟枝、半成熟枝均可，插穗长10厘米左右，顶部留2叶，在气温18℃以上时，插后两周即开始生根，成活易。压条也可，但繁殖系数低。播种因初期生长缓慢，故均少采用。

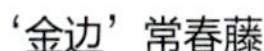
‘金边’常春藤

‘银边’常春藤

洋常春藤

## 2. 美国凌霄 *Campsis radicans*

紫葳科　凌霄属

**形态特征：**

落叶木质藤本，长可达10余米，枝上具气生根，借以吸附攀缘上升。奇数羽状复叶对生，小叶9～11枚，椭圆形至卵状椭圆形，长3.5～6.5厘米，宽2～4厘米，先端尾状渐尖，基部宽楔形至圆形，边缘具粗钝不整齐齿，叶两面均生柔毛，老后上面脱落。圆锥花序顶生，花萼钟状，长约2厘米，5裂至1/3处，花冠橙红色或鲜红色，漏斗状，长6～9厘米，径4厘米。蒴果长圆柱形，顶端具喙尖。花期7～9月，果熟期11月。

本种与凌霄的区别是：凌霄小叶7～9枚，两面无毛，花萼裂至中部，而本种小叶9～11枚，小叶片下面被毛，花萼裂至1/3处。

**地理分布：**

原产美国东部及南部，由宾夕法尼亚州至佛罗里达州，向西至得克萨斯各州都有分布。

**引种评估：**

约在19世纪末传入我国，在华东沿海及长江下游城市有栽培。美国凌霄生长较快，适应性较强，能耐-20℃低温，在pH8的碱性土和pH5.5的酸性土中都能正常生长，性喜光，种植应选择向阳之处。

**园林应用：**

美国凌霄的气生根能吸附墙壁、岩石、树干等物攀缘生长，花期长，花量大，花色艳丽，是城市垂直绿化的优良材料，在绿化功能上与凌霄相似，在街道小区及公共绿地均有栽培。

**繁殖方法：**

用播种、扦插、分株均可繁殖。杭州的园林职工创造了一种特殊的繁殖方法，即在春季掘取其根，切成长2～3厘米的小段，像播种一样，播在苗床里，覆土1厘米，保持土壤湿润，每段都能生根发芽，管理省事，且成活率极高，比用枝插、分株繁殖快速简便。

# ⑥ 其他

## 1. 白兰 *Michelia × alba*

木兰科　含笑属

**形态特征:**

常绿乔木，原产地可高达17米，胸径可达30厘米，树皮灰色。叶薄革质，长椭圆形或披针状椭圆形，长10～27厘米，宽4～9.5厘米。花两性，单生于叶腋，花被片10枚以上，披针形，长3～4厘米，白色，极芳香。花期4～9月。

**地理分布:**

原产印度尼西亚爪哇岛，我国福建、广东、广西、云南早年引种栽培。浙江省温州、平阳、瑞安等地可露地越冬。杭州则行盆栽，冬季移入温室越冬。

**引种评估:**

杭州行盆栽，中华人民共和国成立前已有花农专业种白兰，采初放花朵卖给茶厂熏制白兰花茶。也有花农将白兰花每两朵一组，用棉线固定在绿叶上，装在小竹篮内上街兜售。妇人见之竞相购买，别在胸前，清香不绝，花钱不多，提升了气质，更有女人味。杭州市民中也有不少爱其芳香者，故家庭养白兰也很多，无论是庭院、大厅、书房放置都很适宜，但不宜久放室内，要适时接受日照。

盆栽白兰一般在清明后、谷雨前（4月上、中旬）出房，放置于通风良好，有充分日照之处。把盆底垫高，以利排水，避免发生叶黄、烂根等情况。换盆也是白兰盆栽中重要一环，幼株一般1～2年换盆一次，长大后可每隔4～5年换盆一次。换盆时间一般在出房一个多星期后进行，盆土以富含腐殖质、排水性良好、略呈微酸性的砂质壤土最宜。把好浇水关是养好白兰的关键措施，因为白兰是肉质根，最怕渍涝，但它又怕干旱，浇水既要及时又要适量。生长期浇水宜多，7～8月天气炎热，一般每天浇1～2次，9月后白兰需水量逐渐减少，要按照盆土情况控制浇水，10月后浇水量再次减少，每到盆土发白有点硬实时浇水。

为了促发新梢，多生花蕾和使花朵肥厚，白兰要进行摘叶。第一次约在2月上旬在温室内进行，只留顶梢1～2片，其余叶片全部摘去；第二次在伏花快开完的时候，约8月上旬进行，一般去叶1/2～2/3；第三次摘叶在秋花后、进房前，适当摘去一些叶片。

白兰对肥料的需求量很大，从春季开始生花到进房前一个月，每隔5～6天施一次，以水溶性速效肥为好，可与浇水结合进行，如遇到长雨天，可采用干的饼肥粉少量撒于盆边四周。

白兰宜在10月下旬到11月上旬期间移进室内，放在阳光充足处或温室内。室内温度保持5℃以上，最低不能低于0℃，否则将受冻害。

白兰有蚜虫、刺蛾、天牛、红蜘蛛、金龟子等虫害，病害主要是炭疽病，要注意防治。

**园林应用:**

白兰叶色浓绿，花香清雅，花期长，是著名的庭园观赏树种，在南方多栽作行道树和庭荫树。

喜温暖湿润气候和肥沃疏松土壤，喜光，不耐干旱和积水，根部若水淹2～3天即被淹死，对二氧化硫、氯气等有毒气体抗性弱。

**繁殖方法:**

用嫁接繁殖。用紫玉兰、玉兰、含笑做砧木，也可用高压法或靠接繁殖。

## 2. 茉莉花 *Jasminum sambac*

木樨科　素馨属

**形态特征：**

常绿灌木，通常高0.5～1米，幼枝绿色。单叶对生，叶片薄纸质，宽卵形或椭圆形，有时近倒卵形，长4～7.5厘米，宽3.5～5.5厘米，先端急尖或钝，基部宽楔形或圆形，全缘。聚伞花序顶生或腋生，通常由3～4朵花组成，花冠白色，5裂或为重瓣。花期6～11月，分霉花、伏花、秋花三期，以伏花的数量最多，质量最佳。

**地理分布：**

原产印度。

**引种评估：**

很早传入我国，据西晋嵇含《南方草木状》记载："耶悉茗花（即素馨）、末利花（即茉莉）皆胡人自西国移植于南海，南人怜其芳香，竞植之[①]。"可见我国在距今1600余年前的西晋时代，就已有茉莉花的栽培，后在唐郭橐陀的《种树书》、宋张邦基的《闽广茉莉疏》中皆有关于茉莉花的记载，南宋状元王十朋的《茉莉诗》，更是脍炙人口，诗曰："茉莉名佳花亦佳，远从佛国到中华。老来耻逐蝇头利，故向禅房觅此花。"

长江流域的浙江、江苏、安徽及以北地区因不能安全越冬，皆流行盆栽，花农通常皆建有花房（温室），在霜降前后移入花房内，家庭养花者则移入室内向阳处，室内温度只要保持在0℃以上就可安全越冬，清明前后再移到室外。茉莉花性喜阳，忌干旱，要放在阳光充足通风的地方。盆栽苗一般一年换盆一次，大盆苗两年换盆一次，换盆时间在出房后萌芽前进行，同时修去弱枝、枯枝、病枝，对徒长枝进行短截。4月下旬将叶片摘除，以利促进新枝萌发，新梢萌发后还应适当摘心，促使萌发更多分枝，以增花量。在生长开花期间要加强肥水管理，通常每周施一次淡肥，在花蕾孕育期要适量增施磷钾肥，9月下旬停止施肥，并逐渐减少浇水量。

茉莉花有白绢病、褐斑病危害，应及时拔除病株，剪去病枝烧毁，在发病初期可用600～800倍代森锌喷施。虫害有茉莉叶螟、介壳虫等，可人工捕杀或用1000倍氧化乐果喷杀。

**园林应用：**

茉莉花在我国南方广泛栽培，采其花熏制花茶或提取香精，也用于园林绿化和庭园观赏。

**繁殖方法：**

茉莉用扦插和分株繁殖，以扦插为主。选择组织充实健壮、叶色浓绿、无病虫害的枝条作为插穗，在气温达到20℃以上时随时可以扦插。如在5～6月扦插，则当年还能开花，7月后扦插的，需待翌年才能开花。分株一般在换盆时同时进行。

①（晋）嵇含：《南方草木状》，广州：广东科学技术出版社2009年版（影印本），第11页。

## 3. 加拿利海枣 *Phoenix canariensis*

棕榈科　海枣属

**形态特征：**

树高10～15米，树干圆柱形，胸径可达1米。巨型羽状叶生于树干顶部，长可达2米以上，小叶70～100余对，呈不规则对生，小叶长30～40厘米，厚纸质，下部10余对小叶呈刺状，故又有长叶刺葵之称。花单性，雌雄异株，穗状花序生于叶腋，花期5～7月，果熟期8～10月，熟时橙黄色，果肉稍厚。

**地理分布：**

原产非洲西北海域的加拿利群岛，位于北纬30°附近。

**引种评估：**

最早引入我国的加拿利海枣系由云南的穆斯林到中东麦加朝圣时携回，种于昆明，至今树龄已近200年。此外，在四川南充和成都也各有一株近百年的大树，种苗皆由当时的西方传教士于20世纪30年代带入，让中国的园林界对加拿利海枣有了实际的了解。在营造热带风光的理念带动下，加拿利海枣在我国很多城市被采用，杭州也在21世纪初开始引进加拿利海枣，在道路隔离带、立交桥下侧、河道绿带、公园、广场等处试种，最引人注目的是浣沙路北口的4株加拿利海枣大树，每年冬季都搭建高大暖棚进行保护，养护成本很高。

**园林应用：**

加拿利海枣是世界著名的风景树种，有优美的热带风光韵味，非常适合海滨城市，尤其是海滨大道种植，景观壮丽，但因受气温限制，加拿利海枣仅适生于中亚热带以南地区。在杭州因受冬季低温影响，生长不是很好，也不宜用得太多，杭州的园林景观应由杭州的乡土树种来营造。

加拿利海枣喜温暖湿润的亚热带气候和充足的阳光，在杭州冬季时有嫩梢受冻发生，对土壤要求不严，耐碱，耐旱，抗风力强。

**繁殖方法：**

主要用播种繁殖，也可从母树根部分蘖繁殖，但数量有限。

## 4. 丝葵 *Washingtonia filifera*

棕榈科　丝葵属

**形态特征：**

又名华盛顿棕。高18～27米，树干圆柱形，近基部直径75～105厘米。叶扇形，直径可达1.8米，每叶具裂片50～80，先端2浅裂，在裂片之间及边缘具灰白色的丝状纤维，随风飘动，犹如老人胡须，因此它又有一个别名叫老人葵，十分形象；叶柄与叶片等长，下半部边缘具小刺。佛焰花序大型，生于叶间，分枝3～4枚，弓状下垂，花小，两性。果实卵球形，亮黑色，种子卵形。花期7月，果熟期11～12月。

**地理分布：**

原产美国加利福尼亚州和亚利桑那州，向南延伸至墨西哥西北部，垂直分布于海拔1000米以下的高原、山地、丘陵、平原地区，地处亚热带，气候温和，雨量充沛。

**引种评估：**

我国最早于20世纪二三十年代由英国传教士引种到福州，后厦门、广东、广西、云南、台湾均有引种，浙江温州、杭州有零星栽培。在中亚热带的中南部地区可安全越冬，地处中亚热带北部的杭州就有冻害之虞，生长也明显较慢较差，因此只能选择向阳避风之处种植，不宜推广。性喜光（幼时稍耐阴），耐旱，在气候温暖湿润、土壤深厚肥沃、排水良好的酸性、微酸性土壤中生长良好，在积水和瘠薄之处生长不良。

**园林应用：**

丝葵树形高大，枝叶繁茂，生长较快，为热带、亚热带地区优美园林树种，适作行道树和园景树。

**繁殖方法：**

用播种繁殖。

## 5. 凤尾丝兰 *Yucca gloriosa*

百合科　丝兰属

**形态特征：**

又名波罗花。植株具短茎，有时有分枝，茎上有近环状叶痕，叶片近莲座状排列于茎端。叶剑形，质厚而坚挺，长40～80厘米，宽4～6厘米，先端具刺尖。花葶从叶丛中抽出，高可达2米。圆锥花序大型，无毛。花大型，白色或稍带淡黄色，近钟形，下垂，花期5月，也有个别在8～9月开花。在杭州未见结实。

**地理分布：**

原产美国东部和东南部。

**引种评估：**

20世纪40年代在我老家（浙江舟山）农村就有不少农民种凤尾丝兰，他们不知道这叫什么名字，都把它叫白棕，因为把它叶片割下沤在泥水里经腐烂洗净后就是白色的纤维，可以制绳，和棕榈叶鞘纤维有同样的作用，棕榈纤维是棕色的，它是白色的，因此都叫它白棕。这种纤维很柔软，搓成的绳很牢，在农村很实用。而且这种白棕纤维还经常有人来收购，拿去制大缆绳，舟山渔业发达，渔船上用的缆绳都是用白棕制的（当时还没有人造纤维），因为它很牢，韧性强，经海水浸泡也不会腐烂，再者它很柔软，好操作，所以舟山是很早就开始种凤尾丝兰的。至于种苗从哪里来的，由谁最早引入的，现在已无法知道。但我知道，舟山因地少人多，很早就有人出洋谋生，或许其中的某位在美国看到凤尾丝兰的实用价值后，在回家的时候带上了它，它在舟山生长很好，又不占用良地，宅边、路边、坎边都可种植，生长又快，又很实用，因此在舟山农村发展起来。后来我到了杭州植物园工作，在60年代初我接待了一位宁波镇海供销社的同志，来杭州采购凤尾丝兰种苗，说是为了解决渔船对缆绳的需求，当地正发动农民种凤尾丝兰。由此可见在化纤没有发明以前，凤尾丝兰是制作航海缆绳最重要也最优质的材料。

**园林应用：**

凤尾丝兰四季常青，花大型，优美，供观赏，在园林配置上常栽植于花坛中心、草坪一隅，或作绿篱间隔空间。

**繁殖方法：**

用分根蘖或埋茎繁殖。春日，将茎段劈成两半，埋于苗床中，有叶痕的一面朝上，覆土2～3厘米，再覆一层稻草或麦秆，保持土壤湿润，5～6月间即有小苗从叶痕处萌出，待小苗根系发育完全即可分离培大。

# 下篇：国内引入树种

我国幅员辽阔，分布着极其丰富的树木资源，但受气温、降水量、日照和土壤等自然因子的影响，各地树木的种类、性状、习性乃至经济价值又有着很大的区别。在我国华南地区，地处南亚热带，生长着高大茂密的常绿阔叶林；长江流域的广大地区则处于中亚热带和北亚热带区域，森林组成以针叶、常绿、落叶阔叶混交林为主；黄河流域为暖温带和温带地区，树种以落叶树为主。

杭州位于我国东南部，地理坐标为北纬30°15′，东经120°12′，地处亚热带季风气候区，气候温和湿润，四季分明，雨量充沛。年平均气温15～17℃，极端最高气温42.1℃（1930年），极端最低气温-10.5℃。年平均降水量1399毫米，年平均日照时数1899小时，年平均无霜期250天左右，全年相对湿度82%。

杭州的自然植被属于我国东部中亚热带常绿阔叶林北部亚地带地区，反映在植被外貌上为含有落叶树种的次生常绿阔叶林，具有明显的南北树种过渡的属性，为树木引种驯化提供了有利的自然条件。杭州又是经济文化发达之地，交通便利，物流畅通，自古以来便是精华荟萃之处，其中就有从全国各地引进的有价值的树种。本文共收集在杭常见的国内引入树种59种，并对其原产地生境、生态习性、主要形态特征、引种过程、在杭生长适应性、园林应用及繁殖方法等方面，尽可能予以翔实介绍，以供林业及园林工作者、苗木生产和绿化设计及施工单位参考。

# ㊀ 常绿乔木

## 1. 白皮松 *Pinus bungeana*

松科　松属

**形态特征：**

又名虎皮松、蟠龙松。常绿乔木，高达30米，胸径3米，主干明显，或从近基部分成数干。幼树树皮灰绿色，平滑，长大后树皮裂成不规则薄块片脱落；内皮粉白色，老皮淡褐色，白褐相间成斑鳞状，苍老者则干色愈白，故名白皮松。冬芽红褐色。无树脂。叶3针一束，粗硬，长5～10厘米。球果卵圆形，长5～7厘米，径4～6厘米，熟时淡黄褐色。花期4～5月，球果翌年10～11月成熟。

**地理分布：**

分布于山西吕梁山、太行山、中条山，河南西部，陕西秦岭，甘肃南部及麦积山，四川北部观雾山及湖北西部山地，垂直分布海拔500～1800米，以海拔1000米上下居多。

**引种评估：**

杭州有栽培，相传系满清贵族赴杭为官时，从北方带到杭州，数量不多。白皮松适生于干冷地区，能耐-30℃低温，不耐湿热气候，故在长江流域的长势不如华北地区。性喜光，幼时稍耐阴。在pH7～8的钙质土或黄土上生长良好，不耐积水和盐土，对二氧化硫及烟尘有较强抗性。寿命长，但生长缓慢，一年生苗高仅3～5厘米，培育4～5年才高30～50厘米，方可上山造林，若欲培育城市绿化需要的大苗需10年以上。

**园林应用：**

白皮松树姿优美，树皮奇特，为名贵的观赏树种，松子可食用。

**繁殖方法：**

用播种繁殖，也可用黑松作砧木行嫁接繁殖。

## 2. 水松 *Glyptostrobus pensilis*

杉科　水松属

**形态特征：**

半常绿性乔木，高可达25米，胸径达60～120厘米，树干基部膨大。树皮褐色或灰褐色，裂成不规则的长条片。大枝斜展，小枝直立，树冠宝塔形或卵形。叶螺旋状排列，基部下延，具鳞叶、条形叶、条状锥形叶3种叶形。球花单生于具鳞叶的小枝顶端，球果直立，倒卵状球形，长2～2.5厘米。种鳞木质，倒卵形，微外曲。种子椭圆形，微扁，具一向下生长的长翅。花期1～2月，果熟期10～11月。

**地理分布：**

分布于广东珠江三角洲、福建中南部、广西灵山、云南东南部、江西中部、四川合江地区。长江流域各城市有栽培。

**引种评估：**

杭州于20世纪50年代引入水松，栽培于杭州植物园分类区水塘边的5株水松，已经长成大树，经2020年6月实测：树高17～18米，平均胸径49.74厘米，最大胸径59.3厘米，叶色翠绿，生长良好。目前杭州的水松数量不多，但从杭州植物园的引种栽培来看，水松完全可以适应杭州的气候环境条件，杭州地区湖泊众多，河流纵横，湿地及临水面积广阔，水松栽在河边堤旁可起到良好的景观和护岸固堤效果，值得引种推广。

**园林应用：**

水松树姿优美，枝叶秀丽，叶色翠绿，秋色红褐，季相变化丰富，可供庭园观赏。其根系发达，抗风耐湿，尤宜栽于河边堤旁，可以防风固堤，防浪护岸。性喜光，喜温暖湿润气候和水湿环境，耐水湿，不耐低温、干旱。土壤适应性强，最适中性及微碱性土壤（pH7～8），在酸性土上生长一般，对盐碱土也有相当的抗性。

**繁殖方法：**

水松用播种、扦插繁殖。种子发芽率可达85%，两年生苗可出圃定植。

## 3. 竹柏 *Nageia nagi*

罗汉松科　竹柏属

**形态特征：**

常绿乔木，高达20米，胸径50厘米。树皮近平滑，红褐色或暗红色，裂成小块薄片脱落。枝开展，树冠广圆锥形。叶对生，长卵形至卵状披针形，革质，无中脉，具多数并列的细脉，上面深绿色有光泽，下面淡绿色。种子圆球形，径1.2～1.5厘米，熟时紫红色，有白粉。花期3～4月，果熟期10月。

**地理分布：**

分布于福建、江西、湖南、广东、广西、四川、浙江平阳，垂直分布于海拔1600米以下，多与常绿阔叶树混生成林。

**引种评估：**

杭州玉泉苗圃（杭州植物园前身）于1953年在浙江省平阳南雁荡山采到竹柏种子，1954年春播种，出苗良好，小苗经培大后大部分种植在植物园各小区内。经2019年4月实测：现树高9～10米，平均胸径27.15厘米，最大胸径36厘米。虽生长不快，但长势却很健壮。1964年第一次开花结实，种子发育良好。

**园林应用：**

竹柏树干耸立，枝叶浓绿，树姿端庄，叶形奇特，颇具观赏性，在杭州已经70余个春秋。虽与速生树种相比生长较慢，但它寿命很长，林相稳定，形态古朴，病虫害少，为优良的观赏树种。适宜在西湖山区各景点、公园、庭园中点缀应用。其木材纹理直，结构细致，硬度适中，耐久用，为建筑、家具、雕刻等优良用材。种子含油量达30%，可提取工业用油，精制后可食用。

竹柏喜温暖湿润气候，性偏阴，喜生于日照较弱的北坡、东北坡或山坳处，不甚耐寒。土壤以深厚疏松的酸性砂壤土最宜，而在贫瘠、干旱、浅薄的土壤上生长缓慢。

**繁殖方法：**

用播种繁殖。种子千粒重548克，可随采随播，但苗床管理时间较长。一般是将种子采收后堆放数日，待外种皮软腐后洗净，沙藏过冬，待翌年2月播种，6月上旬出土。苗出土后要注意蔽荫，防止日灼。当年冬季需搭暖棚，保护小苗免受冻害。一年生苗高仅15厘米左右，需留床一年，第三年春分栽培大。

## 4. 长叶竹柏 *Nageia fleuryi*

罗汉松科　竹柏属

**形态特征：**

常绿乔木，高25米，胸径80厘米，树皮平滑，黑褐色。叶厚革质，宽披针形或卵状披针形，长8～18厘米，宽2.2～5厘米，先端渐尖，基部楔形，上面苍绿色而有光泽，下面灰绿色，具多数直出平行细脉，无中脉，叶比竹柏长而宽，因而得名长叶竹柏。雌雄异株，花期3～4月，果熟期10～11月。种子球形，直径1.5～2.3厘米，成熟时外种皮由淡黄绿色渐变为紫褐色，略被白粉，内种皮骨质，种仁富含油脂。

**地理分布：**

分布于云南东南部，广西南部，广东南部，海南五指山、霸王岭，常散生于海拔1000米以下的常绿阔叶林中。柬埔寨、越南也有分布。

**引种评估：**

杭州植物园于20世纪90年代初，在广州市区采到数粒长叶竹柏种子，育成3株小苗，种植于植物分类区。经2019年6月实测：现树高6～8米，胸径分别达19厘米、13.6厘米和14厘米。数年前开始开花，其中两株雄株先开，雌株则迟两年才开，结实良好。

长叶竹柏在杭州已经20余年，它虽出于华南，却在杭州生长良好，生长比竹柏快，可在杭州公园、庭园、风景点等公共绿地推广应用，以其浓郁秀丽的树冠，奇特的叶形和果实，必能赢得人们的喜爱。

**园林应用：**

长叶竹柏树干耸直、枝叶浓绿，树形美观，长势盎然，寿命长，病虫害少，是为优良观赏树种。它同时也是重要的经济树种，种仁出油率30%～45%，供制皂和工业用油，经精炼处理后可供食用；木材结构致密，纹理细直，材质轻软，花纹美观雅致，耐腐，不变形，可作上等家具、建筑、高级箱板、雕刻等用材。

长叶竹柏为偏阴性树种，喜生于日照较短的北坡、东北坡或山坳处，性喜温暖湿润气候。虽然分布较南，但抗寒性和竹柏相似，在杭州冬季未受冻害，可安全越冬。适生于土层深厚、疏松沃润、酸性到微酸性土壤。

**繁殖方法：**

用播种或嫁接、扦插繁殖。

种子采收后不宜日晒和久藏，应随采随播，发芽率达90%以上。

扦插在春秋两季进行，即3～4月及9～10月，取一年生枝条的中上部剪成长6～8厘米插穗，留半叶两片，插后保持苗床蔽荫和湿润，一年便可移栽。

嫁接以实生苗为砧木，用切接或芽接均可。

扦插和嫁接一般皆为获得雌株而进行，以便收获更多种子榨油，如用于园林绿化或木材生产则可直接采用实生苗。

## 5. 乐昌含笑 *Michelia chapensis*

木兰科　含笑属

**形态特征：**

又名景烈白兰。常绿乔木，高达30米，胸径1米，树皮灰褐色或深褐色，平滑，小枝无毛。叶薄革质，倒卵形或长圆状倒卵形，长6.5～16厘米，宽3.6～6.5厘米，上面深绿色，有光泽。花单生叶腋，淡黄绿色，芳香。花被片6，2轮。聚合果穗状，长约10厘米，种子卵形或长圆状卵形，红色。花期4月，果熟期8～9月。

**地理分布：**

分布于江西南部、湖南南部、广西东北部及东南部、广东西部及北部，生于海拔500～1500米的山地常绿阔叶林中。

**引种评估：**

杭州植物园于1983年从湖南资兴引入种子，并从南岳树木园引入枝条进行嫁接，培育了部分实生苗和嫁接苗。1984年起在花港公园、南高峰等地试种，这是杭州最早落地种植的乐昌含笑。1988年在太子湾公园和茶叶博物馆作为骨干树种应用，这样开始大面积推广。

乐昌含笑在杭州生长表现良好，树干通直，枝叶繁茂，叶色浓绿，生长旺盛，抗寒、抗旱性强，对土壤要求不严，从pH4.8的黄壤到pH7.7的西湖泥均生长良好，无致命病虫害，深受各界重视。由此在杭州绿化中得到了广泛应用，苗木多从浙江富阳、湖南、江西等地采购。1984年试种在花港公园的两株一年生小苗，经2018年9月实测，已经长成胸径51.5厘米和52.5厘米、高17～18米的大树，树干通直，十分喜人。

**园林应用：**

乐昌含笑树形高大，四季常绿，生长健旺，填补了杭州园林绿化中常绿阔叶树树种单调的缺陷，在园林造景、生态建设中有着重要作用，可广泛用于城市绿化各个方面。

**繁殖方法：**

乐昌含笑用播种和嫁接繁殖。

种子采收后在室内通风处堆放数日，待红色假种皮软熟后洗净沙藏。种子千粒重104～111克，每千克9615～9009粒。翌年2月下旬播种，5月下旬可出土，注意保持土壤湿润，尤其是7～8月要及时浇水抗旱，当年苗高20厘米左右。冬季宜用塑料棚架略加保护，以避嫩叶嫩芽受冻。第二年春可分栽，2年生后就无冻害之虞了。

嫁接在3月中下旬进行，用2年生玉兰做砧木，亲和力强，成活率可达85%以上，当年苗高60～100厘米，后期生长良好。但现在杭州的乐昌含笑结实母树很多，种子十分充足，已经很少用嫁接法了。

## 6. 灰毛含笑 *Michelia foveolata* var. *cinerascens*

木兰科　含笑属

**形态特征：**

常绿乔木，在原产地高达30米，胸径80厘米，树皮灰白，不裂，1年生枝青灰色。叶革质，椭圆形，长15～20厘米，宽7～10厘米，先端短渐尖，基部圆钝或宽楔形，上面绿色，背面被灰白色柔毛。花梗粗，花被片9，淡黄色，略芳香。种子棕褐色或褐色。花期5月，果熟期10～11月。

**地理分布：**

分布于浙江庆元、泰顺，湖北利川，湖南桑植、保靖，福建上杭、龙岩、樟平。垂直分布于海拔500～900米，多生在溪边、山谷底部。

**引种评估：**

杭州植物园于1977年从庆元林科所引入种子（母树位于庆元县和山乡饭蒸笼岭），成苗5株，定植于植物园引种圃内。从1981年开始，从这几株苗木上取得接穗，繁殖了一批嫁接苗，现在都已长成大树。经2018年9月实测：实生苗胸径57.8厘米，嫁接苗平均胸径50厘米，树高均达12～13米，已开花结实，长势良好。

性喜阳，抗寒抗旱性较强，在杭州成年树可安全越冬越夏，不耐水涝，积水48小时可引起严重死亡。对土壤的适应性较广，但以疏松深厚的红黄壤最宜。

**园林应用：**

灰毛含笑是浙江省自然分布的最高大的含笑属树种，树干通直，叶大荫浓，生长迅速，适应性强，对二氧化硫和二氧化氮等有害气体有一定抗性，对病虫害抗性强。

**其他用途：**

木材纹理通直，结构细，材质坚韧，花纹美观，是建筑、家具优良用材，不论是园林绿化还是林木生产，灰毛含笑均有重要价值。

**繁殖方法：**

灰毛含笑用播种和嫁接繁殖。

种子采收后洗净、晾干，层积沙藏过冬，千粒重48～56克，每千克20833～17857粒。3月初播种，5月初出苗，5月中旬达到出苗盛期，5月底结束场圃发芽，出苗持续期约23天。6月中旬气温渐高，光照日烈，应及时搭棚蔽荫，并及时浇水抗旱，确保幼苗安全越夏。11月下旬停止生长，当年苗高10～15厘米。冬季宜搭暖棚稍加保护。

嫁接选用1～2年生玉兰作砧木，取1年生灰毛含笑枝条作接穗，于3月中旬行切接，成活率达90%以上，当年苗高可达1米左右，接口愈合良好，后期生长优良。

经试验，扦插不易成活。

## 7. 杂交金叶含笑 *Michelia foveolata × figo*

木兰科　含笑属

**形态特征：**

常绿小乔木。

**地理分布：**

母本金叶含笑分布于湖南南部、江西南部、贵州东南部、广东、广西、海南及云南，生于海拔500～1800米的阴湿山谷。父本含笑分布于广东、广西、江西、湖南、贵州山地。

**引种评估：**

本种由杭州植物园工程师人工杂交育成。杭州植物园于1973年自湖南省林业科学研究所引入金叶含笑种子，2月19日播种，5月上中旬出土，1983年始花。含笑在中华人民共和国成立初期已引入杭州，系常绿灌木，杭州普遍栽培，花茂，具香蕉味甜香，极受人爱。1986年4月29日至5月5日，植物园科技人员以金叶含笑为母本，含笑为父本进行种间杂交，目的是利用杂交手段培育出既有金叶含笑的高大体形又有含笑浓郁甜香的新型树种。杂交采用常规授粉方法，取得成功。10月上旬果熟，结实率为67%，获杂交种子1262粒。洗净后层积沙藏。1987年3月播种，出苗763株，出苗率60.5%，1989年4月移植至课题引种圃。1990年8月有两株开花，花被片6，内凹，外轮长3.3厘米，宽1.7厘米，乳白色，边缘紫色，花径3厘米。1991年4月中旬至5月中旬，有20株开花，花色有乳白色的，也有淡黄色的，边缘有紫色的，也有没紫色的，香味有接近含笑甜香的，也有接近金叶含笑醇香的。总的来看，杂交种在叶形方面处于两亲本之间，单株间变化不大，而花形、花色、花香，单株间差异较大。按照原先杂交育种的宗旨，对开花植株进行选择，以香味甜正的植株作为入选对象，初选有8株入选。随着开花植株的增加，肯定还会有更多的甜香型植株出现，通过初选复选可以选出最佳的单株，再用无性繁殖扩大数量，具有优良变异性状的杂种必会有良好的应用和推广前景。

现在保存在植物园的杂种金叶含笑尚有数十株，胸径多在12～18厘米，高6～8米，生长开花良好。

**园林应用：**

杂种金叶含笑属于中小型的常绿乔木，性喜阳，在阳光充足处树冠开张，枝繁叶茂，着花多，香味浓。在深厚疏松的山地黄壤生长良好（盐碱土未做试验）。在园林绿化上作中层常绿树配植十分得宜，也弥补了杭州中小型常绿乔木品种单调的不足，值得推广应用。

## 8. 亮叶含笑 *Michelia fulgens*

木兰科　含笑属

**形态特征：**

常绿乔木，高达25米，胸径50厘米，树皮淡灰色或深灰色。叶革质，窄卵形或椭圆状卵形，长10～25厘米，宽5～8厘米，先端短尖或近渐尖，基部宽楔形或圆钝，通常两侧对称，上面深绿色，有光泽，下面被银灰色或杂有褐色短绒毛。花淡黄色，芳香，花瓣内凹，花冠呈扁球状。聚合果紫红色，长7～10厘米，种子棕色，扁球形或扁卵形。花期4～5月，果熟期10月。亮叶含笑有两次开花现象，第二次在8月开花，但花量少，也不结实。

**地理分布：**

分布于广西、云南、湖南、海南，多生于山坡下部、山谷密林中。

**引种评估：**

杭州植物园于1979年春从湖南省林业科学研究所引入亮叶含笑枝条，嫁接于玉兰砧木上，成活5株。后从这5株苗木上剪取接穗陆续繁殖了一批苗木，并在南高峰烟霞洞前山坡、花港公园等地试种，取得成功。

亮叶含笑到杭州已经40多年了，种植在植物园的亮叶含笑，经2020年6月实测，已高达15米，胸径43.2厘米，生长良好，开花结实正常。

**园林应用：**

亮叶含笑树干通直，叶形大而光亮，花淡黄色，具芳香，果实紫红，是观花观果兼备的绿化树种。其木材纹理直、结构细，可供家具、建筑及胶合板用材，在绿化上适宜在公园、庭园及风景点配植，也宜在西湖山区山坡下部营造风景林和生态林，兼收景观和生态之效。

亮叶含笑喜温暖湿润环境，较耐寒、耐旱，不耐水涝，适生于疏松深厚酸性土壤。

**繁殖方式：**

用播种和嫁接繁殖。

种子千粒重40～44克，每千克25000～22700粒，种子有休眠期，采收洗净后应及时层积沙藏。翌年3月播种，5月可出土。小苗不耐高温和强阳光，应及时搭棚蔽荫，当年苗高10厘米左右。冬季搭暖棚防寒，确保安全越冬。

嫁接在春季叶芽将萌动前进行，用玉兰1～2年生实生苗做砧木，行切接法，当年嫁接苗平均高64厘米，最高达115厘米，地径1.5厘米。嫁接苗4～5年开花，但第一年开花不结实，2～3年后结实正常。

## 9. 醉香含笑 *Michelia macclurei*

木兰科　含笑属

**形态特征：**

又名火力楠。常绿乔木，高达35米，胸径1米以上，树皮灰白色，光滑，不裂。叶革质，倒卵形、椭圆状倒卵形或长圆状椭圆形，长7～14厘米，宽3～7厘米，上面初时被短柔毛，后脱落无毛，背面被灰色毛，杂有褐色平伏短毛。花被片9～12，白色，具芳香。聚合果长3～7厘米。花期3～4月，果熟期9～11月。

**地理分布：**

分布于广东东南部及南部、广西南部、贵州东南部，分布区为南亚热带气候区，年平均温度18～22℃，绝对最低气温-6～0.5℃，年降水量1200～2000毫米。本种大多生长在海拔200～500米之间的丘陵地带，以山坡下部、谷地及溪旁较多，林地土壤多为花岗岩、沙岩分化的红壤及山地黄壤，pH5.5～6.5，土层比较深厚。

**引种评估：**

杭州植物园于1978年从广西玉林地区引入种子，一年生苗高约20厘米，冬季大部分顶梢受冻。当时认为醉香含笑分布区太偏南方，与杭州气候相差太远，不可能引种成功，因此也没有对它进行深入试验，只把当年成活的几株苗随便种在引种圃的边上。没想到几年过去，它不但没有死，反而顽强成长，后来课题结束了，也没有人去管它，它却不声不响地继续生长，现存5株。经2019年4月实测：平均胸径32.78厘米，最大一株胸径39.8厘米，树高15米左右（目测）。最引人注目的是树干特别通直，枝下高竟达7～9米，就像电线杆一样，这种干形在其他树种中很少见。

**园林应用：**

醉香含笑是我国南方重要的造林树种之一，木材结构细而均匀，纹理直，有光泽，有香气，不反翘，心材耐腐性强，为优良建筑用材，也可制名贵家具。其树形美观，枝叶茂密，花有香气，对氟化物气体抗性特强，是城市绿化和工矿区绿化的优良树种，也可选择背风向阳之处营造用材林和风景林。

喜温暖湿润气候，以土层深厚湿润、疏松肥沃、微酸性的砂质土上生长最好，在比较干旱贫瘠地区也能生长，耐寒性较强，从各地引种的情况来看，适生范围已大大超过其自然分布区，寿命长。

**繁殖方式：**

用播种繁殖。在杭州地区11月中旬果熟，种子千粒重110～130克，每千克种子7700～9000粒，发芽率80%～90%，1年生苗高25厘米左右，保暖过冬。

## 附：展毛含笑 *Michelia macclurei* var. *sublanea*

系醉香含笑自然变种，叶片比原种略大，顶芽黄棕色短绒毛展开，而原种顶芽黄棕色短绒毛平伏，这是分类上比较明显的区别，两者分布区域和习性差别不大。本种约在1980年左右由富阳亚热带林业研究所自广西引进种子育苗，幼苗稍有冻害，但抗性比原种稍强。杭州植物园自亚林所引进小苗，种植在植物分类区。经2018年9月实测：平均胸径26.65厘米，大的达30.7厘米，树高10米，树冠较开张，更适宜作园景树。

## 10. 黄心夜合 *Michelia martini*

木兰科　含笑属

**形态特征：**

又名长叶白兰、光叶黄心树。常绿乔木，高20米，稀达38米，胸径162厘米，树干通直，树皮灰色，平滑，小枝绿色，无毛。叶革质，倒披针形或窄倒卵状椭圆形，长12～18厘米，宽3～5厘米，上面深绿色，有光泽。花黄色，芳香。聚合果长9～15厘米。花期3月，果熟期8～9月。

**地理分布：**

分布于湖北西部、湖南西北部、四川中部及南部、云南东北部、贵州，生于海拔500～2000米林中。

**引种评估：**

杭州植物园于1981年从湖南省林业科学研究所引入种子，种子量很少，仅有数株成苗，当年苗高15～20厘米。冬季搭暖棚防寒，有两株定植在植物分类区。经2018年9月实测：胸径分别为33.8厘米和29.2厘米，树高约12米，树冠塔形，极为别致。

**园林应用：**

黄心夜合目前在杭州数量较少，但表现不俗。首先是它的分枝匀称，分枝角度小，树冠紧密呈宝塔状，具有与众不同的独特冠形，极具观赏性；其次是它适应性强，除1～2年生小苗冬季需稍加保护外，3年生后即可安全越冬。幼时稍耐阴，成年后喜阳，未见有日灼发生。在土壤方面，从pH4.6的山地红黄壤到pH8.1的灰潮土都能正常生长，也就是可适应杭州的极大部分土壤，在杭州城市绿化中有极大的应用前景和发展潜力。

**繁殖方式：**

用播种和嫁接繁殖。

## 11. 深山含笑 *Michelia maudiae*

木兰科　含笑属

**形态特征：**

又名光叶白兰。常绿乔木，高达20米，胸径达2米，树皮薄，浅灰色或灰褐色，全体无毛。叶革质，长圆状椭圆形或倒卵状椭圆形，稀卵状椭圆形，长7～18厘米，宽3.5～8.5厘米，上面深绿色，有光泽，下面灰绿色，被白粉。花白色，花被片9，外轮倒卵形，长5～7厘米，内两轮稍渐窄小，近匙状。聚合果长10～12厘米，种子红色，斜卵形。花期3月中下旬，果熟期9～10月。

**地理分布：**

分布于浙江南部、福建、湖南南部、广西、贵州，生于海拔300～1500米林中，以海拔800米以下较多，分布区为中亚热带气候区，年平均气温15～19℃，绝对最低温度-11℃，林地土壤多为山地红壤或山地黄壤。

**引种评估：**

杭州植物园自1958年起多次从龙泉、泰顺等浙南地区引入小苗及种子，进行栽培试验，也在园林绿地进行试栽。但生长情况不甚理想，生长缓慢，并时有日灼枯梢等现象发生，以栽培在灵峰洗钵池长廊边的深山含笑与乐昌含笑作对比，可以充分说明深山含笑为什么在杭州难以推广。我们于1987年春同时在灵峰长廊边种了2株深山含笑和2株乐昌含笑，均是3年生小苗。经2019年4月实测：其中一株乐昌含笑胸径53.2厘米，另一株自基部分成两杈，两杈的胸径分别是52.5厘米和36.6厘米，树高17～18米，树势雄伟，而两株深山含笑胸径分别为19.1厘米和27.2厘米，树高仅6～7米，其中一株枯顶，长势弱，可见差异之大。灵峰地处山谷之中，环境优越，深山含笑尚且如此，在一般绿地更难以生存。

**园林应用：**

深山含笑在原产地树形优美，枝繁叶茂，花形大，着花多，盛开时满树白花，极为绚丽，花芳香，是优良的庭园绿化树种，只是它喜温暖湿润环境，对夏季高温干燥、强日照难以适应，在杭州暂不宜推荐应用。而在海拔较高的山区城镇，深山含笑是优良的绿化树种。

**繁殖方式：**

用播种繁殖，种子千粒重55～77克。小苗在夏季需遮阴，当年苗高约30厘米。

## 12. 阔瓣含笑 *Michelia cavaleriei* var. *platypetala*

木兰科　含笑属

**形态特征：**

又名云山白兰。常绿乔木，在原产地高达20米，胸径70厘米。叶薄革质，窄长圆形或窄倒卵状长圆形，长9～18厘米，宽4～6厘米，下面被灰色毛，微被白粉。花被片9，白色。聚合果长5～15厘米，种子淡红色。

**地理分布：**

分布于贵州东部、湖北西南部、湖南西部、广西东北部、广东东部、福建西南部、江西贵溪，生于海拔200～1200米的常绿阔叶林中，林地土壤大多是山地红壤或山地黄壤，pH4.8～5.8，分布区属中亚热带与北亚热带南部气候区，年平均气温12～19℃。

**引种评估：**

杭州植物园于1981年从湖南省林业科学研究所引入种子，当年苗高20厘米左右，能安全越冬，第二年移栽到课题引种圃。本种在杭州的表现是主干不明显，常在基部分成数杈，树冠开张，始花年龄早，5～6年即开花结实，花期也比其他含笑早，通常2月中旬至3月上旬即达盛花期，花形大，花量多，十分醒目。当年种在引种圃的阔瓣含笑现保存两株，经2019年4月实测：其中一株地径55.5厘米，在树干60厘米处分成4杈，另一株从基部分成4杈，这4杈分别径达25.4厘米、29.1厘米、16.1厘米、18.2厘米，树高10～11米，冠幅达8米以上。

**园林应用：**

阔瓣含笑树形开张，花白色，大而密集，略有芳香，花期早，花量大，花期长，整个花期达1个多月，是其主要特色，是优良的观花树种，值得在城市绿化中推广应用。

**繁殖方法：**

用播种和嫁接繁殖。种子千粒重50～70克，种子有休眠期，用层积沙藏过冬，在杭州宜于2月下旬至3月上旬播种，5月中下旬出土，当年苗高20～30厘米。嫁接用1～2年生玉兰做砧木，于3月上中旬切接，成活率达80%以上，当年苗高50～60厘米。

## 13. 川含笑 *Michelia wilsonii* subsp. *szechuanica*

木兰科　含笑属

**形态特征：**

常绿乔木，树高28米，胸径85厘米，幼枝被红褐色柔毛。叶革质，窄倒卵形或倒卵形，长9～15厘米，宽3～5厘米，先端尾状短尖，基部楔形或宽楔形，上面中脉基部常有红褐色平伏毛，下面灰绿色，散生红褐色直立毛。花淡黄色，花被片9枚，窄倒卵形，长2～2.5厘米。聚合果长6～8厘米，径0.7～1.4厘米。花期4月，果熟期9月。

**地理分布：**

分布于四川中部及南部、重庆东南部、湖北西南部、贵州北部、云南东北部，生于海拔800～1500米山地林中，为我国特有种，自然资源稀少。

**引种评估：**

杭州植物园于1978年从四川灌县（现都江堰市）青城山林场引入少量种子，记得是用信件邮寄来的，总共只有8～9粒种子，在邮局打印戳时还被打碎2粒。播后获小苗6株，定植于课题引种圃内进行观察，其中有1株长得特别快，以至于把周边几株同伴都挤压而死了。在1981年春天的时候，该园采其枝条进行嫁接繁殖，用1年生玉兰苗做砧木切接，成活率达90%，由此培育了一批嫁接苗。除在植物园内部种植外，有4株种在太子湾公园，有3株种在花港公园，有数株种在南高峰千人洞前山坡，还有一些苗被引到富阳亚林所试种，长势都十分喜人。定植在植物园木兰引种圃（山地黄壤）内唯一的1株实生苗在2018年9月实测时，胸径达89厘米，树高18～19米，冠幅达20米，2001年始花；另一株嫁接苗胸径也达58厘米，树高14米。种植在太子湾公园的川含笑，平均胸径60.7厘米，最大一株胸径达77厘米，树高18～20米。种在花港公园的川含笑有两株自基部分杈，基径分别达70厘米和63.2厘米，另一株胸径57厘米。种在南高峰的川含笑为与杂木争光，长得又细又长，达到林冠上层。2020年10月实测，在6株试种的川含笑中最大的胸径49.8厘米，最小的18厘米，平均胸径37.2厘米，树高达19～20米。太子湾公园和花港公园两处土壤均以西湖泥为主，西湖泥的pH7.3～7.85，属于碱性。南高峰属石灰岩分化土，pH6.6～7.0。植物园属山地黄壤，pH4.8，可见川含笑对土壤的适应性很强。

本人怀疑该树是一株自然杂交种，为什么它长得特别快，长势特别好，把其他几株同伴都挤压死了，是不是它有杂交优势？另外我在2003年采到该树的种子，播出来的小苗形态有明显两个类型，其中一类是叶片有毛，叶色黄绿色，叶形较小；另一类是叶片无毛，叶绿色，叶形较大较长。为什么同一树上的种子，播出来的苗有两个类型，这是不是说明它原来就是由两个种杂交成的，它的后代分化返祖了，这个问题让我存疑至今。

**园林应用：**

川含笑可以在杭州极大部分园林绿地生长，生长速度远超其他树种，是至今杭州生长最快的常绿乔木，而且树干挺拔，枝叶茂繁，树势雄伟，是园林绿化难得的优良树种，太子湾公园进门就看到的高大树丛就是由川含笑和乐昌含笑两个树种组成的。川含笑也可以用于山地造林，有南高峰试种苗为证。其树干通直高大，尖削度小，出材率高，材质细致，是优良建筑材料，在林业生产上也有重大价值。

性喜阳，耐寒、耐旱力较强，对土壤适应性广。

**繁殖方法：**

用播种和嫁接繁殖。

## 14. 峨眉含笑 *Michelia wilsonii*

木兰科　含笑属

**形态特征：**

又名威氏黄心树。常绿乔木，树高达25米，胸径100厘米，是国家二级重点保护植物。树皮灰黑色，平滑，小枝绿色，皮孔明显凸起。叶革质，倒卵形或窄倒卵形，长8～15厘米，宽4～6厘米，先端短尖或短渐尖。花黄色，芳香，径5～6厘米。聚合果长12～15厘米，蓇葖紫褐色。花期3～4月，果熟期9～10月。

**地理分布：**

分布于四川中部及西部、湖北西南部、云南东南部及贵州梵净山，垂直分布于海拔400～2000米，一般生长在山坡中下部及山凹地区，林地土壤大多为山地黄棕壤或山地黄壤，呈酸性反应。

**引种评估：**

杭州植物园于1978年从成都林业试验站引入种子，第二年春播种，1～2年生小苗冬季有轻微冻害，3年后可安全越冬。定植于植物分类区的峨眉含笑，经2018年9月实测：胸径47.1厘米，高10米，冠幅7～8米，长势良好。

**园林应用：**

峨眉含笑引入杭州后，长势一直很好，能安全越冬越夏，也未发现有严重病虫害，其主干挺拔，树冠开张，叶茂花香，是优良的园林树种。尤其是其树冠开张，可考虑作为行道树的选项试栽。但目前杭州的峨眉含笑数量很少，也未做不同土壤栽培试验。鉴于本种潜在的栽培价值，建议作进一步引种研究，扩大数量，以期应用。

**繁殖方法：**

峨眉含笑用播种繁殖，种子千粒重约80克。杭州宜在2月下旬至3月中旬播种，4月下旬可出土，当年苗高20～30厘米，冬季需防寒。

## 15. 乐东拟单性木兰 *Parakmeria lotungensis*

木兰科　拟单性木兰属

**形态特征：**

常绿乔木，高达30米，胸径90厘米，全株无毛，树皮灰白色。叶革质，倒卵状椭圆形或窄倒卵状椭圆形，长6～10厘米，宽2～3.5厘米，先端钝尖，微凹，基部楔形，上面深绿色，有光泽，下面淡黄绿色，无托叶痕。花单生枝顶，杂性，白色，略带乳黄色。聚合果紫红色，长圆形或椭圆状卵形。花期5月中下旬，果熟期9月下旬至10月上旬。

**地理分布：**

分布于浙江省庆元五岭坑、百山祖，龙泉昂山，泰顺武夷岭，松阳安岱后；在海南乐东县、湖南莽山、福建蒲城及永安等地也有分布。生于海拔600～1200米的常绿阔叶林中，尤以山脊、山坡中上部及沟谷切割的两边坡上分布较多。

**引种评估：**

杭州植物园于1973年自湖南莽山引入种子，又于1979年从庆元五岭坑自然保护区引入种子，获得部分小苗。1981年春用玉兰2年生小苗作砧木进行嫁接繁殖，取得成功。保存在植物园的一株实生苗，经2018年9月实测：基径32.5厘米，在树高17厘米处分成两杈，分别径粗19.5厘米和22.9厘米。另一株嫁接苗，胸径31厘米，树高10米，枝下高4.5米，树干端直，树冠开张，姿态优美。

**园林应用：**

乐东拟单性木兰是我国珍贵稀有树种，树干通直，树势强健端庄，叶深绿光亮。抗寒、抗旱、抗病虫害能力较强，对土壤要求不高，虽在生长速度上不及含笑属树种生长快，但其寿命长，材质好，是建筑、家具等珍贵用材，庆元一带山民视本种木材为栽培香菇的最佳材料，在经济上有重要价值。乐东拟单性木兰在杭州经历40余年的考验，证明可以适应杭州的自然环境，生长良好，可供园林绿化应用，也适宜在杭州西湖山区的山脊、山坡中上部造林，既有风景生态之效，也有珍贵用材贮备的价值。

乐东拟单性木兰较喜光，在林下生长不良，较耐寒，经-12℃低温未受冻害，也较耐旱，但不耐涝，不宜在低洼之处种植，对病虫害抗性强，喜疏松酸性土壤。

**繁殖方式：**

用播种和嫁接繁殖。

果实采收后经暴晒脱粒，洗净晾干，用湿沙层积沙藏。翌年2～3月播种，种子千粒重95～135克，每千克10500～7400粒。5月中下旬出苗，小苗畏高温干热，需于6月中旬搭棚蔽荫，并及时浇水抗旱。当年苗高10厘米左右，地径3～4毫米。

嫁接在3月中旬进行，砧木以玉兰亲和力较强，取拟单性木兰1年生枝条的中段和梢段做接穗，成活率较好，当年苗高50～80厘米，地径7～13毫米。

## 16. 观光木 *Tsoongiodendron odorum*

木兰科　观光木属

**形态特征：**

又名观光木兰、香花木、宿轴木兰。常绿乔木，树高25米，胸径1米，个别树高可达35米，胸径达2米。树皮淡灰褐色，具深皱纹，小枝、芽、叶柄、叶下面和花梗均被黄棕色糙伏毛。叶倒卵状椭圆形，长8～17厘米，宽3.5～7厘米，先端急尖或钝尖，基部宽楔形。花较小，淡黄色，外轮花被片长1.7～2厘米，内轮长1.5～1.6厘米，有红色小斑点，具芳香。聚合果硕大，椭圆形，果柄粗短，外果皮暗绿色，具苍白色大型皮孔。花期3～4月，果熟期9～10月。

**地理分布：**

本种是我国特有珍贵树种，国家二级重点保护植物。分布于福建、江西、湖南、广东、海南、广西、贵州及云南南部，多生于海拔500～1000米的山地常绿阔叶林中。

**引种评估：**

杭州植物园于20世纪80年代自湖南引入少量种子，培育成苗。保留在植物园引种圃内的观光木，经2019年6月实测：树高15米，胸径37.2厘米，枝叶茂盛，长势良好。另有两株被高大乔木所压，树高只有7米，胸径16.3和12厘米，可见观光木是强阳性树种，在蔽荫处生长严重受阻。

**园林应用：**

观光木树干挺直，树冠浓密，花多，芳香，可作庭园绿化和行道树。木材纹理通直，结构细，为产地一等材，可作上等家具、车舟及美术工艺等用材。虽自然分布区偏南，但在杭州经过近40年的风风雨雨考验，已经证明能够适应杭州的自然环境，可以在园林绿化中推广应用，也可在向阳山坡营造风景林，兼收用材贮备之效。

性喜光，不耐阴，喜温暖湿润气候，在年平均温度14～22℃、绝对最低气温-8.7℃、年降水量1300～2300毫米之处，都是它的适生之地，适生土壤为山地红壤和山地黄壤，肥力中等以上。

**繁殖方法：**

用播种繁殖。种子千粒重210～280克，每千克4700～3500粒。种子易丧失发芽力，宜随采随播，或沙藏至翌春播种。杭州可在3月上旬播种，5月上中旬可出苗，当年苗高10～15厘米，但较粗壮。1年生小苗抗寒力较弱，冬季需搭棚保护，第二年春季分栽培大。或留床一年，2年生后抗寒力渐增，但种植地仍以选择避风向阳之处为宜。

## 17. 舟山新木姜子 *Neolitsea sericea*

樟科　新木姜子属

**形态特征：**

又名五爪楠、佛光树。常绿乔木，高10米，胸径40厘米。树皮灰白色，平滑，不裂，幼枝密被金黄色绢毛，后脱落，老枝紫褐色。叶互生，革质，椭圆形或披针状椭圆形，长6～14（20）厘米，宽3～5厘米，先端渐钝尖，基部窄楔形，叶缘反卷，幼时两面密被金黄色绢毛，老叶上面深绿色，无毛，具光泽，下面粉绿色，被平伏金黄色或橙褐色绢毛，离基三出脉。伞形花序簇生叶腋，无总梗。果球形，径约1.3厘米，熟时鲜红色，有光泽。花期9～10月，果熟期翌年12月至第三年1～2月。

**地理分布：**

分布于浙江省普陀山岛和桃花岛及上海崇明岛，生于海拔300米以下的山坡杂木林中或林缘，朝鲜、日本也有分布。

**引种评估：**

本种为稀有树种，被列为国家二级重点保护植物。20世纪70年代末，杭州植物园从普陀山引入小苗，栽于试验区内。幼时冬季嫩梢稍有冻害，当时用暖棚保护。随着树龄增大，抗性也随之增强，4～5年后就完全能安全越冬了。现树高5米，基径20.5厘米，并已开花结实。

**园林应用：**

本种春梢嫩叶金黄色，老叶背面金黄色或橙褐色，当地老百姓喻为佛光，故有“佛光树”之称。果鲜红，艳丽夺目，挂果时间长，为冬季优良观果树种，很值得在园林绿化中推广应用，尤其是种在寺庙内外，因此树出自佛教圣地普陀山，又有佛光树之称，故更觉协调和富有联想。目前种苗尚少，值得进一步繁殖培育。

**繁殖方法：**

用播种繁殖，杭州已可采到孕育种子。

## 18. 细柄蕈树 *Altingia gracilipes*

金缕梅科　蕈树属

**形态特征：**

又名细柄阿丁枫。常绿乔木，高达25米，胸径可达1米以上，树冠呈广卵形或宽椭圆形。树皮灰褐色，呈片状剥落。叶革质，卵形或卵状披针形，长3.5～7厘米，宽1.5～3厘米，先端尾状渐尖，基部宽楔形或近圆形，全缘，上面暗绿色，下面灰绿色，两面无毛，叶柄细长，长1.5～3厘米。花单性同株，无花瓣。果序头状，倒圆锥形；蒴果木质，室间开裂；种子多数，淡褐色，细小，多角，顶端具翅的为可育种子，无翅的为不育种子。花期4月，果熟期10月下旬。

**地理分布：**

分布于浙江省南部的遂昌、龙泉、庆元、泰顺、平阳及福建和广东东部，生于海拔300～700米的山地林中。

**引种评估：**

杭州植物园于20世纪60年代从龙泉采集种子，将细柄蕈树引入杭州，在植物园山地黄壤生长良好，抗寒抗旱性强，病虫害少。2019年5月实测：平均胸径34.76厘米，最粗胸径57厘米，树高14～15米，开花结实正常。

**园林应用：**

细柄蕈树树形高大，枝叶浓密，根系发达，不易风倒，寿命长，数百年大树仍长势健壮，适应性强，可以在杭州城市绿化中推广应用。其树皮可割取树脂，内含芳香油，可供药用及作香料的定香剂，木材是培养香菇的最好材种之一。

性喜光，天然生长在向阳山坡、山麓，处于林冠上层。对土壤要求不甚严，一般酸性的山地红黄壤、黄泥沙土上均能生长良好，不耐水湿。

**繁殖方法：**

用播种繁殖。选择树龄30年以上健壮母树采种，在10月下旬当蒴果呈栗褐色时摘取果实，在太阳下暴晒数日，待果实开裂，上下翻动，使种子从蒴果裂口中掉出，出籽率仅0.8%～1.2%，取净后袋装过冬。种子千粒重2.9克，每斤种子5.5万～6万粒。翌年2月下旬至3月初播种，播后约1个月发芽出土，场圃发芽率3.3%～5%。当年苗高25厘米左右。

## 19. 红豆树 *Ormosia hosiei*

豆科　红豆属

**形态特征：**

常绿大乔木，高可达30米以上，胸径1米以上，树皮幼时绿色，平滑，老时灰色，浅纵裂。羽状复叶，小叶5～9枚，对生，全缘，椭圆状卵形或矩圆状卵形，无毛，上面绿色光亮，下面灰绿色。圆锥花序顶生或腋生，花冠白色或淡红色。荚果木质，扁平，内有种子1～2粒，红色光亮。花期4月，果熟期10月下旬至11月上旬。

**地理分布：**

分布于浙江省南部的云和、遂昌、丽水、龙泉、庆元，江苏南部、安徽、福建、湖北、陕西南部及四川。生于海拔650米以下的低山、谷地、溪边阔叶林中及村庄附近。

**引种评估：**

杭州植物园于20世纪50年代的建园初期即从丽水地区引入小苗，种植于植物分类区。经2019年5月实测：树高15～16米，平均胸径59.7厘米，最粗的胸径80.2厘米，长势良好。

**园林应用：**

红豆树寿命长，根系发达，树姿优雅，种子鲜红色，是优良的庭园观赏树种。其心材栗褐色，材质坚实，结构匀细，有光泽，纹理美观，切面光滑，是上等家具、工艺雕刻、特种装饰用材，著名的龙泉宝剑的剑柄和剑鞘就是红豆树的心材所制，在林业生产上具有重要价值。

红豆树幼年喜湿喜阴，长大后喜光，在分布区常处于林冠上层，生长速度中等，对土壤肥力、水分要求较高，在土壤肥沃、水分充足之处，生长较快，干形通直，反之则生长较差。

**繁殖方法：**

用播种繁殖。10月下旬至11月上旬采种，荚果采回后摊放室内，待开裂后取出种子，取净装袋放通风处干藏。荚果出籽率30%～40%，千粒重909克，每千克约1100粒。翌年2～3月播种，由于种子种皮较紧密，不易透水，为提高种子发芽率，缩短发芽持续期，播前可用初温40℃热水浸种，自然冷却，1天后倒掉冷水，再用40℃水浸种1天，然后播种，发芽率可达80%以上。当年苗高30～40厘米。

## 20.‘常山胡柚’*Citrus aurantium* 'Changshanhuyou'

芸香科　柑橘属

**形态特征：**

又名胡柚、金柚。常绿小乔木，高3～5米，树冠开张，呈球形至半球形，冠幅达5～6米，幼枝绿色，有棱，无毛。单身复叶，叶片革质，椭圆形，长5～9厘米，上面深绿色，有油点，下面淡绿色，两面均无毛。花单生或2～4朵呈总状花序生于叶腋，花瓣4～5枚，白色，向外反卷。果近球形，熟时橙黄色，大小变幅大，一般高5～10厘米，径6～13厘米，顶端平，果肉淡黄色，汁多，味微酸，贮藏后变甜。花期4月下旬至5月上旬，果熟期11月。

**地理分布：**

浙江省常山、衢州、龙游、江山、开化有栽培，以常山为重点产区。

**引种评估：**

20世纪90年代传入杭州，长势旺盛，结果良好，无冻害，适应杭州环境。

**园林应用：**

性喜温暖湿润气候，不耐干旱，能耐-7～-8℃低温，在杭州可安全越冬。对土壤适应性强，在pH5.5～7.5的土壤中均能生长，但在土层深厚处生长较佳。

常山胡柚可能是柚*Citrus grandis*与甜橙*Citrus sinensis*的天然杂交种，树势中等，姿态优美，四季常绿，结果稳定，果肉酸甜适度，风味浓醇，耐贮藏，既可观赏，又为美食，是庭园绿化和私家宅园种植的极佳树种。

**繁殖方法：**

用嫁接繁殖。用2年生枸橘苗作砧木，于9月采用单芽芽接法嫁接。两周后检查成活率，发现未接活的立即补接。第二年春待接芽萌发生长后，解除扎缚的塑料带，并分次剪去砧木。

## 21. 樟叶槭 *Acer coriaceifolium*

槭树科　槭属

**形态特征：**

常绿乔木，高可达20米，树皮淡黑灰色，当年生小枝密被绒毛，后近无毛。叶片革质，长圆状椭圆形或长圆状披针形，长8～12厘米，宽4～5厘米，先端短渐尖而钝头，基部圆或阔楔形，全缘或近于全缘，下面被白粉和淡褐色绒毛，后渐脱落，中脉及侧脉在上面凹下，下面凸起，基脉三出。圆锥花序顶生，有绒毛。翅果淡黄褐色，长2.8～3.2厘米，两翅成锐角或近直角，小坚果突起。花期4～5月，果熟期8～9月。

**地理分布：**

分布于浙江省乐清、泰顺、平阳。生于海拔300～500米的山坡林中，江西、福建、湖北等地也有分布。

**引种评估：**

杭州植物园于1954年从平阳引入种子，1964年首次开花结实，现树高7米，基径47厘米，生长良好。

**园林应用：**

樟叶槭树冠浓密，四季常青，病虫害少，对二氧化硫、氯气等有毒气体抗性强，并有吸收有毒气体功能，适宜作庭荫树，也宜作城郊防护林或风景林中的中层配植，上层配以枫香等高大落叶乔木，更显中亚热带森林景观特色。

樟叶槭喜温暖湿润环境，在石灰岩山地生长优良，对酸性土和中性土也能适应，耐干旱。在杭州冬季遇强寒流或在迎风口，顶梢易受冻害，出现轻度枯顶和落叶，但恢复能力较强。

**繁殖方法：**

用播种繁殖，种子取净后用层积沙藏过冬。翌年2月播种，4月下旬到5月上旬小苗出土。如干藏过冬，发芽迟缓，有的当年不发芽，有的丧失发芽力，故种子贮藏是重要环节。

## 22. 浙江红山茶 *Camellia chekiangoleosa*

山茶科　山茶属

**形态特征：**

又名浙江红花油茶。常绿小乔木，高达3～7米，小枝无毛。叶片厚革质，椭圆形或倒卵状椭圆形，长8～12厘米，宽2.5～6厘米，先端急尖或渐尖，基部楔形或宽楔形，边缘具较疏的细尖锯齿或有时中部以下全缘。花通常单生于枝顶，花瓣6～8枚，红色，花径8～12厘米。蒴果木质，圆形或卵圆形，直径4～7.5厘米。花期2～3月，果熟期8～9月。

**地理分布：**

分布于浙江省金华、丽水、温州三地区，生于海拔300～1650米的山坡、谷地林中、林缘或竹林旁。安徽南部、江西东部及中部、福建北部、湖南南部也有分布。

**引种评估：**

杭州植物园于1958年从湖南引入种子，成苗后定植于经济植物区，长势旺盛，能耐低温、干热，抗病力也较强，1963年始花。此外，植物园的采集队也多次在龙泉、遂昌采到浙江红山茶种子，成苗后种植于植物分类区及试验区内，皆长势良好。

**园林应用：**

本种花大色艳，树姿挺秀，叶色亮绿，对二氧化硫、氟化氢等有毒气体抗性较强。种子含油量28%～35%，是一种优质食用油。浙江红山茶是一既可观赏又有经济价值的优良树种，值得推广应用。

浙江红山茶对环境的适应性较强，但仍以西侧有庇荫之处长势较好，土壤以深厚、疏松、排水良好的红黄壤为宜，不耐盐碱。

**繁殖方法：**

用播种繁殖，实生苗5～6年开花，但在低海拔地区结实较差。

## 23. 长瓣短柱茶 *Camellia grijsii*

山茶科　山茶属

**形态特征:**

又名薄壳香油茶、攸县油茶。常绿小乔木，高3～5米，嫩枝被短柔毛。叶革质，长圆形，长6～10厘米，宽3～5厘米，先端渐尖或尾尖，基部宽楔形或略圆，边缘具尖锯齿，中脉疏被长毛。花顶生或腋生，白色，具芳香，花径4～5厘米，近无花梗。果球形棕褐色，粗糙，径2～3厘米，果爿薄，厚仅1～2毫米，内含3～4粒种子。花期2～3月，果熟期9～10月。

**地理分布:**

分布于湖南、福建、江西、广西等地，生于海拔1300米左右山区林中和沟边，国家二级重点保护植物。

**引种评估:**

浙江省杭州、富阳、常山、遂昌等地于20世纪60年代从湖南攸县引入栽培，生长良好。

**园林应用:**

长瓣短柱茶早春开花，盛开时，满树皆白，芳香浮动，不失为一早春优良观花树种。种子含油率高，油质好，具香味，为优质食用油，是我国重要木本油料树种。可在杭州地区山地种植，也适宜在城市绿化中作为观花树种配植于公园等公共绿地，散植、丛植或作花篱应用。

本种性喜光，喜生于向阳山坡深厚而疏松的红黄壤上，长势旺盛，抗寒、抗旱、抗病力强。

**繁殖方法:**

用播种繁殖，优良单株可用实生苗做砧木，进行嫁接。

## 24. 山茶 *Camellia japonica*

山茶科　山茶属

**形态特征：**

又名红山茶、山茶花。常绿小乔木，有时呈灌木状，但也有树龄达千年以上、树高9米、胸径近50厘米的古树，小枝红褐色，无毛，树皮灰褐色。叶片椭圆形、宽椭圆形、卵形或倒卵形，长5～12厘米，宽2.5～6厘米，先端渐尖、尾尖或短尖，基部楔形、阔楔形，少数钝圆或歪斜，皆视品种不同而异。山茶为两性花，生于叶腋或枝顶，无梗或有短梗，原始的山茶为单瓣花，有花瓣5～6片，基部连生，色大红；雄蕊多数，基部连合成管状，并与花瓣基部合生，花药呈丁字状着生，黄色。子房3室，稀5室。蒴果近球形，果皮木质，种子球形或有棱，种皮角质，淡黑褐色。

**地理分布：**

分布于浙江省鄞县、镇海、奉化、象山、普陀、瑞安等地，生于海拔600米以下的山坡林中或溪边林下。在山东近海岛屿、江西黎川、四川峨眉山也发现有山茶花的野生种。日本及朝鲜半岛南部也有分布。

**引种评估：**

现存杭州最古老的山茶花位于余杭东明山森林公园寺院内，树龄600年，树高4米，胸径30.3厘米；其次是灵隐上天竺仰家堂路旁的一株山茶花，树龄130余年；另在余杭鸬鸟镇大六寺有一株山茶花树龄达200余年；杭州植物园的木兰山茶园收集了众多山茶品种，树龄也有70～80年了。山茶花在各风景点、公园等公共绿地及庭园、机关、校园内栽培甚广，是杭州民众喜爱的花木之一。

山茶花在人们的长期栽培和选育下，培育出许多优良的园艺品种，花的各个部分，特别是雄蕊发生了很大的变化。有的雄蕊全部变成花瓣，整齐排列成轮，甚至连雌蕊也已瓣化；有的外轮雄蕊变成花瓣，整齐排列2～5轮，中心保存发育完善的雄蕊和雌蕊；有的部分雄蕊变成花瓣，不规则地扭曲皱褶，排列不整齐，雄蕊混生在花瓣之间；有的雄蕊变成细小的花瓣，呈半球状密集于花心。园艺界把上述变化的类型，粗分为单瓣型、文瓣型、半文瓣型、武瓣型和托桂型。花的颜色也有了很大的变化，原始的山茶花红色，栽培的山茶花有朱红色、大红色、粉红色、纯白色，也有一花多色和一树多色的，被视为山茶珍品。花期因品种而异，大部分在3～4月开花，也有1～2月开花的，更有少数在10月下旬至1月开花的，如秋牡丹、花牡丹等。

山茶花为暖带树种，适生于温暖湿润的气候环境，过冷过热均不相宜，对低温有一定的抗性，大部分品种能耐-10℃短暂低温，在杭州可安全越冬。但盆栽的山茶花耐寒力较弱，冬季宜移入室内。对光照反应敏感，夏季畏烈日，直射阳光会引起叶面严重灼伤和小枝枯萎，重则全株死亡。冬春季则需要充足阳光，否则枝条稀疏，生长瘦弱，开花少，花形也小，故与落叶树配植为宜。对土壤的理化性状的反应也颇敏感，在pH4.5～6.5、排水良好和深厚肥沃的砂壤、黄壤和腐殖土中生长发育良好，碱性和黏重土壤不适宜山茶花的生长，排水不良或积水之处更不宜栽植山茶花。

**园林应用：**

本种为我国传统名花，栽培历史悠久，园艺品种极多，为著名的观赏花木之一。

**繁殖方法：**

繁殖主要用扦插法。通常在6月上旬至7月上旬的梅雨季进行。也可用油茶、浙江红花油茶、单瓣山茶的实生苗做砧木，在春季芽将萌动前行切接或靠接繁殖。

## 25. 八瓣糙果茶 *Camellia octopetala*

山茶科　山茶属

**形态特征：**

又名梨茶。常绿小乔木，高可达3～7米，树皮灰白色，小枝无毛，芽扁。叶片革质，通常椭圆形至长圆状椭圆形，长9～18厘米，宽3.4～8厘米，边缘略反卷，具透明而带骨质的尖锐细锯齿，两面无毛，表面具光泽。花单生枝顶，淡黄白色。蒴果木质，通常梨形或扁球形，高5～8.5厘米，径5～9.5厘米，表面灰褐色、黄褐色至红褐色，内含种子11～21粒，最多可达30余粒。花期10～11月，果熟期翌年9～10月。

**地理分布：**

分布于浙江省庆元、遂昌，福建也有分布。生于海拔300～900米的山麓、山腰、山谷的杂木林和毛竹林旁。

**引种评估：**

1958年杭州植物园自庆元隆宫引入小苗，定植于植物分类区，长势旺盛。经2019年6月实测：树高5～6米，平均地径25.7厘米，最大地径33.2厘米，冠幅5米，年年开花结实。

**园林应用：**

本种树形端整，叶具光泽，果特大，形如梨，引人注目。对二氧化硫、氯气、氟化氢抗性强。种子含油率达47%以上，是一种优质的食用油。是园林绿化兼有经济价值的优良树种，可在杭州城市绿化及西湖山区推广应用。适生酸性黄壤，能耐杭州干热和低温天气，少有病虫害发生。

**繁殖方法：**

用播种繁殖，幼苗时需遮阴。

## 26. 多齿红山茶 *Camellia polyodonta*

山茶科　山茶属

**形态特征：**

又名宛田红花油茶。常绿小乔木，嫩枝无毛。叶椭圆形或长圆形，长8～12.5厘米，先端尾尖，基部圆，边缘密生细尖锯齿，因而得名"多齿红山茶"。花玫瑰红色，花瓣6～7枚，径7～10厘米。蒴果球形，径5～8厘米。花期2～3月，果熟期10～11月，成熟时红褐色。

**地理分布：**

分布于广西、广东，生于山区林中。

**引种评估：**

1973年杭州植物园从广西林业科学研究所引入种子，成苗后栽于植物分类区。2019年6月实测：树高5～6米，地径21.3厘米，树冠5米，宽卵形，长势旺盛，开花结实良好。

多齿红山茶喜温暖湿润气候，对低温有较强抗性，在杭州未见有冻害发生，抗热性也较强，未见日灼，适生酸性红黄壤土。

**园林应用：**

本种树形端整，枝叶茂密，叶色亮绿，花果兼美。种子可榨油，供食用，也可制皂。是园林结合生产的优良树种，值得推广应用。

**繁殖方法：**

用播种繁殖，幼苗适当遮阴。

## 27. 棱角山矾 *Symplocos tetragona*

山矾科　山矾属

**形态特征：**

别名留春树。常绿乔木，高8～10米，全体无毛，小枝浅黄绿色，粗壮而具明显的棱。叶厚革质，狭椭圆形，长12～14厘米，宽3～5厘米，边缘具圆齿状锯齿。穗状花序长5～6厘米，基部1～3分枝，花白色。核果长圆形，长1.5厘米，径0.8厘米，熟时蓝色。花期4～5月，果熟期10月。

**地理分布：**

分布于江西、福建、湖南等地，常见于石灰岩山地。

**引种评估：**

杭州植物园于1954年由江西九江华中种苗社引入种子育苗，1959年3月定植于植物分类区，长势旺盛，历年未受病虫害危害，除夏季西晒过强处有少数叶片受日灼外，并未受严寒、高温影响。2019年5月实测：树高8～9米，平均胸径29.8厘米，最大胸径40.2厘米。树冠紧密、整齐。

**园林应用：**

棱角山矾树冠紧密，叶色浓绿，四季常青，病虫害少，对氯气、氟化氢、二氧化硫抗性较强，并对二氧化硫有较强吸收能力，在净化空气方面有重要价值，是优良的城市绿化树种，适用于公园、道路绿带、河道两侧及庭园绿化。

性喜湿润略有庇荫环境，对低温有一定抗性，对土壤要求不严，在酸性土、中性土及微碱性土壤均能适应，宜植于疏林下层或林缘，避免在空旷处孤植，以免日灼。

**繁殖方法：**

用播种和扦插繁殖。种子需两年出土，可层积沙藏一年后播种。小苗在夏秋高温时需遮阴。

# ㈡ 落叶乔木

## 1. 水杉 *Metasequoia glyptostroboides*

杉科　水杉属

**形态特征：**

落叶乔木，高达35米，胸径2.5米，幼树树冠尖塔形，老树树冠广圆形。叶线形，长1～2厘米，着生于侧生小枝上，排成两列，呈羽状，冬季与枝一起脱落。球果下垂，近球形，或呈短圆柱形，有长梗，种子扁平。花期3月，球果10月成熟。

**地理分布：**

分布于湖北利川水杉坝、谋道溪（磨刀溪），重庆石柱县及湖南西北部龙山县洛塔乡等地，垂直分布海拔750～1500米。

水杉一度被认为只有在化石中才能见到的已经灭绝的物种，直到1943年我国著名植物学家王战领导的鄂西神农架原始森林考察途中，于当年7月21日在四川万县磨刀溪（今湖北利川谋道溪）发现了巨大的水杉树，当时不知其名，遂采集多份枝叶和球果标本带回。后经我国著名植物分类学家胡先骕和郑万钧教授研究，认定本种就是化石中见到的那个被认定为已经灭绝的物种，正式定名为水杉，并于1948年联合发表论文，公布于世，轰动了中外植物学界、地学界。水杉发现的科学价值，在于它是一种活化石，是中国珍稀孑遗树种，被誉为20世纪植物学领域最大的科学发现之一。

**引种评估：**

杭州植物园的前身桃源岭苗圃的陈皓先生于1953年自湖北武昌磨山植物园的前身武昌烈士陵园引入种子4两（老秤），折合公制为125克。1954年春由当时植物园最高级别的六级技工朱和卿师傅负责播种，出苗良好。苗木除小部分种在植物园外，大部分种在西湖边曲院风荷一带，从此杭州有了水杉树。至今大部分树的胸径达到40～50厘米。1966年开花，但自然受孕率很低。当时国家为了改善农村生活环境，解决农民用材需要，正在大力提倡四旁绿化，水杉因生长迅速，树干通直，正是四旁绿化的绝佳材料。为解决水杉的繁殖问题，在无法取得种子的情况下，植物园的科技人员和技工师傅为此开展了扦插技术的研究，自1966年开始对插穗选择、贮藏、扦插时间、田间管理及病虫害防治等方面进行摸索试验，终于发现取自幼龄树的插穗成活率高的规律，由此总结出一套水杉扦插繁殖的技术资料，并撰写成《关于水杉扦插经验的初步总结》一文，便于群众掌握。为降低育苗成本，又进行全光育苗试验，从原来的遮光育苗改为全光育苗，并取得成功。不仅降低了成本，还提高了苗木质量，一年生扦插苗株高达1米左右（遮光扦插苗株高仅30～40厘米）。据不完全统计，仅杭州植物园在1966—1975年共扦插繁殖水杉苗100多万株，育苗技术普及到全省相关林场、苗圃和公社生产队，全省育苗数量甚为可观，不仅满足了省内需求，且有大量苗木支援江苏、上海等兄弟省市。

水杉扦插繁殖和栽培，获1978年全国科学大会优秀科技成果奖。这也是杭州市园文系统自新中国成立以来至今获得的最高国家奖项。

**园林应用：**

水杉树姿雄伟挺拔，生长迅速，适应性强，病虫害少，是平原水网地区优良的造林树种和园林绿化树种，在美化环境和生态保护方面有着重要的作用。而在海拔较高的山区，只要有水，水杉长势更加良好，如在遂昌海拔1050米的神农谷景区，列植在溪边的20余株水杉树挺拔雄伟，气势蓬勃。据了解该树是20世纪70年代由当地桂洋林场的职工种下的，2019年7月实测：树高18～20米（目测），平均胸径72.2厘米，最大79.5厘米，与杭州曲院风荷的水杉相比，生长更快。由此可见：高山溪谷更接近水杉的原产地生境，也就更符合水杉的生态要求，自然更加适生。水杉从1943年被发现至今70余年，已经从湖北、重庆、湖南三省市交界的利川、石柱、龙山三县的局部地区走向全国，走向世界，杭州也因为有了水杉而显得更加美丽，更加生态。

水杉性喜光，对气候适应性很广，适生于年平均气温12～20℃、年降水量800毫米以上、冬季绝对最低温度不低于-20℃的地区。对土壤要求不严，酸性土、石灰性土、轻盐碱土（含盐量0.15%以下）均能生长，喜湿润而不耐久涝，不耐干旱瘠薄。

**繁殖方法：**

用播种和扦插繁殖。

## 2. 桤木 *Alnus cremastogyne*

桦木科　桤木属

**形态特征：**

又名四川桤木、水冬瓜树。落叶大乔木，树干通直，高可达40米，胸径1.5米，树皮灰褐色，鳞状开裂。单叶互生，椭圆状倒卵形、椭圆状倒披针形或椭圆形，长6～15厘米，宽2～8厘米，疏生细钝锯齿。花单性，雌雄同株。果序单生于叶腋，长圆形，长1～3.5厘米，直径0.5～2厘米，果序梗细长下垂，长4～8厘米，有别于浙江省分布的江南桤木。花期3～4月，11月中下旬果熟。

**地理分布：**

分布于四川、贵州北部、甘肃南部、陕西南部海拔500～3000米山地，喜水湿，多生于溪边及河滩低湿地，在干瘠荒山荒地也能生长。

**引种评估：**

杭州早年引入栽培，多用作公路行道树、河道绿化树种，浙江农业大学华家池校区内也有种植。桤木生长迅速，根系发达，有根瘤能固氮，耐水湿，是护岸、固堤、改良土壤、涵养水源的优良树种。

**园林应用：**

在平原水网地区，桤木是四旁绿化的理想树种，适宜在道路两旁、河流两岸和宅旁、村旁种植。在丘陵山地，桤木可在山坡下部、山谷、溪流两边营造用材林，其材质轻软，纹理通直，结构细致，耐水湿，可供矿柱、建筑、家具、农具等用材。

性喜温暖气候，喜光，喜湿，耐水湿，凡柳树能生长的地方桤木都能生长，在酸性至微碱性土壤均能适应。在深厚、湿润、肥沃土上生长良好。

**繁殖方法：**

用播种繁殖。种子千粒重0.7～1克，每斤种子有50万～70万粒，场圃发芽率30%～40%。3月上中旬播种，13天左右幼苗出土，要特别注意保持苗床湿润。一年生苗高可达1米以上，亩产2万～3万株。

## 3. 普陀鹅耳枥 *Carpinus putoensis*

桦木科　鹅耳枥属

**形态特征：**

落叶乔木，树高16米，胸径60厘米，树皮青灰色，不裂，小枝密生黄褐色突起大皮孔，密被褐色长柔毛，后渐稀疏。叶片厚纸质，椭圆形或宽椭圆形，长5～10厘米，宽3.5～5厘米，先端渐尖，基部宽楔形或圆形至微心形，边缘具不规则的尖锐重锯齿，上面被长柔毛，下面被短柔毛，后均稀疏。果序长4～8厘米，密生皮孔和柔毛。果苞半卵形，长2.5～3厘米，外缘具粗锯齿，内缘全缘，小坚果宽卵形，果熟期10月。

**地理分布：**

野生的普陀鹅耳枥至今仅发现1株，生长于浙江省普陀岛佛顶山西北坡海拔200米处，是浙江省特有的珍稀濒危树种，也是国家重点保护树种之一。

**引种评估：**

1978年杭州植物园在普陀林场的帮助下采得162克种子，11月中旬播种，1979年4月中下旬出苗。小苗出土初期，生长纤弱而缓慢，在精心管理下，当年苗高6～15厘米，1981年春移栽到试验区定植，2018年12月实测：树高7.5米，胸径13.8厘米。

本种自然分布区地域狭小，自繁能力弱，是极濒危的树种，杭州的引种成功为该树种的易地保存提供了技术支撑，并计划将在杭州繁衍的小苗种回它的老家普陀山，扩大当地的种群，以解濒危之虞。

**繁殖方法：**

用播种繁殖，也可用幼龄树枝条扦插繁殖。

## 4.‘菊花’桃 *Prunus persica* 'Kikumomo'

蔷薇科　李属

**形态特征：**

落叶小乔木，树势中等，树皮深灰色，小枝细长，黄褐色。叶绿色略显灰，边缘略卷，椭圆状披针形，长9～11厘米，宽3厘米左右，边缘具细锯齿。花粉红，花蕾卵形，花瓣卵状披针形，不规则扭曲，边缘呈不规则波状，重瓣，菊花型，花瓣22～32枚，雄蕊多数，有瓣化现象。果绿色，尖圆形。花期4月，果熟期8月。

**地理分布：**

‘菊花’桃是一个古老的品种，中国清代（1644—1911）即有记载，日本江户时代（17～19世纪）也有记载（伊藤，1695）[①]。但杭州一直未见‘菊花’桃的栽培和记载，直到21世纪初才从北京植物园引入种源。

**引种评估：**

约是2003年，杭州之江园林艺术公司的技术人员在北京植物园参观时看到一株盛开的桃花，花极茂，色极艳，似觉从未见过这样艳丽的桃花，遂向北京植物园引种数株小苗带回杭州培育。当年秋季购买毛桃种子播种，培育砧木。2005年春嫁接成苗500余株，长势旺盛。数年后在城市绿化中推广应用，也有其他园林公司前来购苗，以作母本。

**园林应用：**

至今‘菊花’桃在杭州已有一定的数量，在公园、专业园、道路绿化中时有所见。

‘菊花’桃性喜光，不耐阴，耐寒力强，对土壤要求不严，忌积水，对病虫害抗性较强，一般桃树中习见的流胶病在‘菊花’桃中很少见。

**繁殖方法：**

用嫁接繁殖，取1～2年生的毛桃实生苗为砧木，行切接或芽接均可。

① 胡东燕，张佐双：《观赏桃》，北京：中国林业出版社2010年版，第82页。

## 5. 川楝 *Melia toosendan*

楝科　楝属

**形态特征：**

又名金铃子。落叶乔木，高达15米，胸径60厘米，树皮灰褐色，有纵沟。二回羽状复叶互生，小叶卵形、狭卵形或椭圆状披针形，长4～10厘米，宽2～4厘米，先端渐尖或尾尖，基部圆或稍偏斜，全缘或部分具不明显疏锯齿。圆锥花序腋生，花瓣浅蓝色，匙形。核果近球形，径约3厘米，成熟时蜡黄色或棕褐色。花期4月，果熟期10～11月。果常宿存树上，至翌年春脱落。

**地理分布：**

分布于四川、贵州、云南、广西、湖南、湖北、甘肃南部，浙江省杭州、诸暨、龙游、临海、永嘉、乐清、温州等地均有栽培，生长良好。

**园林应用：**

川楝心材红棕色，材质优良，纹理美观，耐腐朽，抗虫蛀，是优良的用材树种，最适农村四旁绿化，也宜作城市公园、庭园的遮阴树种。

性喜光，喜温暖气候及肥沃湿润土壤，在酸性、碱性及盐渍化土壤上均能生长，以紫色土、冲积土上生长较好，耐涝，抗烟尘及有毒气体，速生。

**繁殖方法：**

用播种繁殖。10月选健壮母树采种，用清水浸泡数天，后洗去果皮和果肉，洗净的果核阴干后，沙藏或干藏。翌年2～3月播种，5月上中旬幼苗出土时呈簇状，在苗高8厘米左右时，已能看出幼苗生长强弱分化十分明显，要及时间苗，留强去弱，每簇留苗一株，间出的小苗较强的可以分栽，较弱的一律淘汰，不要可惜，因为较弱的小苗以后长势也是很弱的，生长慢，材积少，很不合算。

## 6. 七叶树 *Aesculus chinensis*

七叶树科　七叶树属

**形态特征：**

又名桫椤树、娑罗树。落叶乔木，通常树高25米，胸径1.5米，树皮深褐色或灰褐色。掌状复叶，小叶5～7枚，长10～18厘米，宽3～6厘米。花序窄圆筒形，长30～50厘米，形如尖塔，花瓣4，白色。果实球形或倒卵圆形，直径3～4厘米，黄褐色，密生斑点，含种子1～2粒。种子近球形，直径2～3.5厘米，栗褐色。花期5月，果熟期9～10月。

**地理分布：**

分布于陕西秦岭，散生于海拔500～1500米山谷林中。浙江、江苏、河南、河北、山西、陕西等地有栽培。

**引种评估：**

杭州最大的七叶树在灵隐紫竹林寺内，树高26米，胸径152.8厘米，树龄630余年。七叶树的传播似与佛教有着很深的渊源，很多古刹名寺，如杭州的灵隐寺、虎跑寺，北京的卧佛寺、大觉寺中都有七叶树种植。七叶树可以在西湖山区各风景点、公园及庭园有蔽荫之处种植，具有极佳观赏效果。种子入药，为重要中药材。“文化大革命”期间，到处“破四旧”，无人烧香拜佛，紫竹林的和尚无以为生，就靠拾取七叶树果实卖钱，渡过了难关。

七叶树喜凉爽湿润环境和湿润肥沃疏松土壤，畏干燥高温天气，忌烈日暴晒，对烟尘抗性弱，适宜在山谷下部、溪涧两边生长，像灵隐寺周边、飞来峰脚下、法雨弄、虎跑、满觉陇等地空气比较湿润、西有山峦遮阳之处，是七叶树适生之地，也是杭州七叶树数量最集中、生长最好的地方。

**园林应用：**

七叶树树姿美观，花序奇特，寿命长，病虫害少，是世界著名的行道树和观赏树种。杭州也曾试作行道树，但其对夏秋季高温干燥难以适应，生长不齐，缺株多，故不适用。

**繁殖方法：**

用播种繁殖。种子寿命很短，一般情况下采后10天到半月即丧失发芽率，应随采随播，不能及时播种的，应立即层积沙藏，至翌年早春播种。苗期加强肥水管理，夏秋季适当蔽荫，一年生苗高50～70厘米。

## 7. 枣 *Ziziphus jujuba*

鼠李科　枣属

**形态特征：**

又名红枣树。落叶乔木，高可达10～15米，树皮褐色或灰褐色，浅纵裂。具长枝及短枝，长枝呈之字形曲折生长，具两托叶刺，一长一短，长刺直，短刺钩曲；短枝矩状，俗称“枣股”，其上簇生2～7枚无芽绿色小枝。叶二列状排列，叶片卵形或卵状椭圆形，长3～7厘米，宽1.5～4厘米，先端钝或圆，具小尖头，基部近圆形，边缘具圆锯齿，基生三出脉。花单生或聚伞花序腋生，花瓣倒卵状圆形，淡黄绿色，与雄蕊近等长，花盘5裂。果椭圆形或长卵圆形，长3～5厘米，熟时红色至紫红色。花期5～6月，果熟期9～10月。

**地理分布：**

为我国特产果树，已有3000余年栽培历史，主产于黄河流域及新疆和田、若羌地区。

**引种评估：**

杭州有栽培，以农家屋前屋后、四旁和城市居民小区庭园中零星种植为主，果实自食或馈赠亲友邻里，并不形成商品。

1987年出版的《义乌县志》中曾这样记载：“本县是我国南方重要产枣区，义乌大枣国内外知名，相传在1000多年前就开始种枣。”民间还有这样一个传说：义乌本来不产枣，是一位在北方做官的义乌人看到枣树满身是宝，果实味甜，可生食，又可制蜜饯和果脯，又为上等滋补品，入药可治脾胃虚弱、贫血及高血压等症，树皮治刀伤出血和腹泻。又木材坚重，纹理细致，为农具、家具、雕刻的上等良材。遂在告老还乡之时，携枣苗种于乡间。因气候适宜、土地肥沃，枣树在义乌生长良好，结果丰硕。乡民见枣树之利，遂竞栽之。义乌枣树主要集中在义乌、东阳两地，果实制成金丝蜜枣和义乌南枣（南方乌枣），享誉中外。杭州枣树或从义乌传入。

枣喜较干冷气候及微碱性或中性砂壤土，在酸性土、钙质土也能生长，耐干旱瘠薄，性喜光，一般阳坡上或孤立木生长较好，产量亦高。

**繁殖方法：**

繁殖主要采用分株法和嫁接法。

分株法：利用枣树根蘖苗繁殖新株。在早春选择优良母树在离树约2米处，开沟断根，施肥促蘖。秋后苗高1米左右，即可移栽定植。

嫁接法：砧木可用普通枣或酸枣的萌蘖，用分株法育成。接穗应选丰产、生长健壮和无病虫害的母树枝条，春季切接。

枣树定植，在2月下旬前后，于小苗未发芽前进行。枣园宜多品种混植，以利授粉结实，若单一品种，则需配置“授粉品种”。

## 8. 喜树 *Camptotheca acuminata*

蓝果树科　喜树属

**形态特征：**

又名旱莲木。落叶乔木，高达25米，胸径50厘米，树干通直，树皮灰色，浅纵裂。叶纸质，椭圆状卵形或椭圆形，长12～28厘米，宽6～12厘米，先端渐尖，基部圆或宽楔形，全缘，下面沿脉密生灰色短柔毛。头状花序球形，常数个再组成圆锥花序，顶生或腋生。果长圆形，长2～2.5厘米，具2～3纵脊，熟时黄褐色。花期6～7月，果熟期9～11月。

**地理分布：**

分布于华东至西南、华南各地，常散生于低山阔叶林中、林缘或溪边。杭州有栽培，生长良好。

**园林应用：**

喜树树干端直，树冠开张，速生，病虫害少，为优良庭荫树和行道树种，也宜营造防风林。不耐烟尘及有毒气体，不宜在工矿区绿化。木材轻软，可用作食品包装箱、盒、牙签及造纸原料。全株含喜树碱，有抗癌、散节、清热之效。

喜温暖湿润气候，幼时稍耐阴，成年后喜阳，耐寒性较弱。深根性，抗风。喜肥沃湿润土壤，在酸性、中性、微碱性土上均能生长，在石灰岩分化土上也生长良好。不耐干旱、瘠薄，较耐水湿，在河滩、沙地、河岸、溪边生长旺盛。

**繁殖方法：**

用播种繁殖。果由青色变为淡黄褐色时即可采收，干藏至翌春播种。种子千粒重35～40克，发芽率65%～85%。

## 9. 珙桐 *Davidia involucrata*

蓝果树科　珙桐属

**形态特征：**

又名中国鸽子树（国外通称）。落叶乔木，高达28米，胸径105厘米，树皮深灰色或灰褐色，不规则薄片状剥落。叶纸质，常密集生于幼枝顶端，宽卵形或近心形，长9～15厘米，宽7～12厘米，先端急尖或渐尖，基部心形，边缘有粗大锐尖齿，叶柄长4～7厘米。头状花序球形，径约2厘米，花瓣状苞片2～3枚，纸质，椭圆状卵形，长7～15厘米，宽3～5厘米，有时更长更宽，中部以上有锯齿，羽状网脉明显，基部心形，初为淡绿色，后呈乳白色，下垂，花后脱落。核果长卵形或椭圆形，形如梨，故在四川又有"水梨子"之名，长3～4厘米，径1.5～2厘米，密被锈色皮孔，种子3～5粒。花期4月，果熟期10月。

**地理分布：**

分布于湖北西部、湖南西北部、四川中部及南部、云南北部、贵州梵净山。生于海拔900～2500米沟谷常绿、落叶阔叶混交林中，林内湿度大，树干上布满苔藓。国家一级重点保护植物。

**引种评估：**

杭州植物园于20世纪80年代对珙桐进行了引种栽培试验。当时为结合树木园的建园需要，从湖北引入珙桐种子，出苗后在圃地培育多年，后因树木园迟迟没有动工，而珙桐苗挤在一起，生长受阻，负责该项目的工程师遂选择小环境较好的灵峰、黄龙洞等地，将苗木移植到那里进行试栽，没想到一举成功。现在保存下来的珙桐在灵峰尚有4株，2019年4月实测：平均胸径18.4厘米，其中最大一株胸径26.2厘米，树高10米。在黄龙洞有8株，平均胸径12.3厘米，其中最大一株胸径19厘米，树高7米，均已开花。近年来，杭州植物园对珙桐加强了抚育管理，并从灵峰珙桐母树上采集种子繁殖，数年来已达数十株，2015年播种的珙桐苗，现已达一人多高，今后每年还会有更多的珙桐小苗诞生，可为杭州的城市绿化不断提供珍贵的植物材料。

**园林应用：**

珙桐是世界著名的观赏树种，花序下2～3片白色苞片犹似鸽的翅膀，褐色头状花序犹似鸽头，盛花时颇似群鸽栖于树枝之上，极为奇特美丽，被外国人称为"中国鸽子树"，竞相引种。珙桐还是著名的第三纪孑遗树种，对研究古植物区系和系统发育等方面具有重要科学价值。对杭州来说，珙桐的引种成功，为杭州增加了一种极为珍贵的观赏树种。除灵峰、黄龙洞以外，类似的环境还有虎跑、龙井、云栖、灵隐、后孤山等处，是今后珙桐可以试种的地方。象征和平的鸽子树将开满杭城，让更多的市民和国内外游客观赏到珙桐的风采。

性喜凉爽湿润气候，不耐干燥和高温烈日，对生境要求较严。土壤以深厚湿润富含腐殖质的肥沃土壤为宜，不耐盐碱。

**繁殖方法：**

用播种繁殖。珙桐种子有两年发芽的特性，种子采收取净后，可用湿沙层积沙藏1年，于第二年早春播种，4月即可出土。如不经沙藏播种，当年不会发芽，也要等第二年3～4月出土，为节省圃地和管理成本，以沙藏处理较宜。小苗出土后要适时遮阴，尤在7～8月高温季节，要避免阳光直射，及时浇水，保持湿润，确保小苗安全越夏。

## 10. 兰考泡桐 *Paulownia elongata*

玄参科　泡桐属

**形态特征：**

落叶乔木，高达20米，胸径1米以上，树冠宽圆锥形。叶卵形，长15～30厘米，宽10～20厘米，基部心形，全缘或有浅裂，上面初有毛，后脱落，下面密被无柄分枝毛。花序窄圆锥形或圆筒形，长30～40厘米，花蕾倒卵形，花冠紫色，漏斗状，钟形，有香气。蒴果卵圆形，稀卵状椭圆形。花期4～5月，果熟期9～10月。

**地理分布：**

野生分布于河南，垂直分布达1400米，河南、河北、山西、陕西、山东、安徽、江苏、湖北多为栽培，以生产木材为主。

**引种评估：**

杭州何时始有兰考泡桐已无据可查，但20世纪70年代浙江确实掀起过一次引种推广兰考泡桐的热潮。1976年10月在河南民权县召开了全国泡桐良种选育科技协作会议，浙江有5位代表参加，会上介绍兰考泡桐的速生丰产经验，参观了农桐间作和多种加工产品，还参观了焦裕禄同志亲手栽植的兰考泡桐树，一致深信发展泡桐是林业生产的重要方向，由此在全国掀起了种植泡桐的高潮。浙江也不例外，在省林业厅的主持下，从河南睢县购进兰考泡桐根穗122500条，分配桐乡、奉化、嘉善林业局及余杭长乐农场、杭州植物园等单位试种。杭州市科委还专项立题委托杭州植物园对兰考泡桐栽培进行专项研究。从栽培的情况看，兰考泡桐在浙江的长势不如它在原产地河南长得好，也不如浙江的乡土树种白花泡桐长得好，尤其是丛枝病比较严重。因此，兰考泡桐在浙江没有发展起来，可能与浙江省的气候和土壤不适有关，现在只能零星看到兰考泡桐的踪影。

**园林应用：**

兰考泡桐树干端直挺拔，树冠广展，花紫色，具芳香，是优良的景观树种。

**其他用途：**

木材材质优良，轻而韧，具有很强的防潮隔热性能，耐酸，耐腐，导音性好，不翘不裂，纹理美观，易于加工，为家具、航空模型、乐器及胶合板良材，是我国传统的重要出口物资，也是其分布区群众最喜爱的用材树种之一。

性喜光，不耐阴，较耐寒，最低温度-20℃能安全越冬，最适生长温度25～27℃，超过30℃时生长速度下降，超过38℃时生长受阻，年降水量500～1000毫米适宜生长，喜深厚、疏松、湿润、肥沃和排水良好的砂壤土或壤土，不耐积水，pH6～7.5最适。

**繁殖方法：**

用播种和埋根繁殖。

播种育苗：每千克约有种子450万粒，采取小面积集中播种，然后进行大面积小苗移植，当年生苗高可达2米。

埋根育苗：用1～2年生苗的根，剪成15～20厘米长的根插穗，晾晒2～3天，于2月下旬至3月中旬埋根，株行距1米×1米，大头向上，切勿倒置，当年生苗高可达4米以上。

# ㈢ 常绿灌木与小乔木

## 1. 安坪十大功劳 *Mahonia eurybracteata* subsp. *ganpinensis*

小檗科　十大功劳属

**形态特征：**

常绿灌木，高1～2米，树皮灰褐色，有槽纹，木质部鲜黄色。一回奇数羽状复叶，长20～30厘米，小叶常7～9片，叶片卵状披针形至狭披针形，大小不一，通常长6～10厘米，宽1.5厘米以下，边缘中部以上疏生2～5刺状锯齿，革质，上面深绿色，下面淡绿色。总状花序3～7个簇生，长6～12厘米，花黄色。浆果倒卵形，熟时蓝黑色，被白粉。花期7～10月，果于11月至翌年5月逐渐成熟。

**地理分布：**

分布于湖北、四川、贵州，生于海拔230～1150米林下、林缘或溪边。

**引种评估：**

本种在杭州曾长期被称为湖北十大功劳，根据2004年出版的《中国树木志》的命名，称本种为安坪十大功劳。20世纪70年代，杭州及临安等地开始有安坪十大功劳的栽培，主要用于公园及庭园绿化。

**园林应用：**

安坪十大功劳姿态潇洒，叶色亮绿，对病虫害抗性强，未见有白粉病危害，这是它胜过狭叶十大功劳之处，是优良的园林观赏灌木，适宜作公园庭园阶前、亭旁、假山、岩坡、池边点缀，也可作绿篱、地被应用。全株供药用。

安坪十大功劳性喜湿润半阴环境，但对光有较强适应性，很少发现有日灼情况，耐旱性较强，对土壤要求不严。

**繁殖方法：**

用播种和扦插繁殖。种子采收后堆放数日，待果实完全软化后，洗净晾干，冬播或沙藏至翌春播种。苗期应保持土壤湿润，夏季适当蔽荫。扦插可在3月行硬枝扦插，6月行软枝扦插，均易成活。

## 2. 紫花含笑 *Michelia crassipes*

木兰科　含笑属

**形态特征：**

常绿灌木或小乔木，高2～5米，树皮灰褐色，小枝、芽、叶柄、花梗均密被红褐色长绒毛。叶革质，倒卵形或窄倒卵形，稀窄椭圆形，长7～13厘米，宽2.5～4厘米，先端渐尖或尾尖，基部楔形，边缘多呈波状，上面深绿色，有光泽，无毛，下面淡绿色，沿主、侧脉被红褐色长柔毛。花梗短粗，花深紫色，花被片6，极芳香。聚合果长2.5～5厘米，花期4～5月，果熟期8～9月。

**地理分布：**

分布于湖南、江西、福建、广东、广西、贵州，垂直分布于海拔300～1000米，散生于常绿阔叶林下。

**引种评估：**

紫花含笑到杭州可能已经很久，但没有像含笑那样引起人们的重视。默默生长在杭州植物园分类区的一株紫花含笑地径已达23.5厘米，树高5米，冠幅4米，可能种于建园初期，至今至少有50年以上的树龄了。该园通过嫁接还繁殖了一些小苗，正在逐步推广应用。

紫花含笑分布区为中亚热带气候区，在雨量充沛、湿润的环境中生长良好，耐寒耐阴力较含笑强，在绝对最低气温-12℃的寒冬未受冻害。喜酸性、肥沃土壤，但在pH7.6～8.1的土壤上也能生长。

**园林应用：**

紫花含笑树身不高却枝叶繁茂，四季常绿，花苞待放时顶端露出一点紫红色花瓣，非常鲜艳，全放时有和含笑一样浓郁的香蕉香味，引人喜爱，而其花色紫红，在绿叶丛中尤觉亮丽可爱，是极有潜力的优良园林树种，适宜在高级宾馆、庭园、公园内点缀布景，值得推广。

**繁殖方法：**

用播种、扦插和嫁接繁殖。

种子采收后洗净，层积沙藏过冬，播种在2月下旬或3月初进行，5月上中旬出土，当年苗高20厘米左右。

扦插在春季或秋季进行，选择健壮无病虫害的1年生枝条，剪成长6厘米插穗，上端留1～2片叶，插后搭棚遮阴，保持床土湿润。

嫁接在春季进行，以玉兰或紫玉兰做砧木，用切接法或腹接法，成活率达70%，当年苗高达50厘米，生长非常旺盛。

## 3. 含笑 *Michelia figo*

木兰科　含笑属

**形态特征：**

常绿灌木或小乔木，高2～3米，树皮灰褐色，分枝密，芽、小枝、叶柄、花梗均密被黄褐色绒毛。叶革质，倒卵形或倒卵状椭圆形，长4～8厘米，宽2～4.5厘米。花蕾椭圆形，长达2厘米，花芳香，具强烈香蕉味，故俗称“香蕉花”。花被片6，淡黄色，边缘带紫色。聚合果长2～3.5厘米，种子鲜红。花期4～5月，果熟期8～9月。

**地理分布：**

分布于广东、广西、湖南、江西、贵州，垂直分布于海拔300～900米，生于阔叶林下或灌木丛中，在溪谷沿岸尤为茂盛。现各地广泛栽培。

**引种评估：**

杭州约于中华人民共和国成立初期引入含笑。20世纪50年代杭州每逢五一、国庆都要组织游行，五一节游行时，园林工人用棉线将含笑花串成花链装饰花车参加游行，花车过处，芳香扑鼻，成一时佳话。

**园林应用：**

含笑树冠圆满，自成球形，四季常绿，姿态优美。花稠密，芳香浓烈，花期长。对氯气有较强抗性。为著名的庭园观赏树种，适用于城市绿化各个领域，无论是公园、庭园丛植，建筑物前后列植、孤植等都很适宜。

**繁殖方法：**

用扦插或嫁接繁殖。

扦插多在6月下旬进行，此时新枝已达半木质化，取阳光充足处的枝条作插穗，插穗长6～8厘米，上部留2叶。插后加强蔽荫及浇水管理，60天左右切口愈合，90天后开始发根。冬季要搭暖棚保温，防止土壤结冰，以免冻拔伤害幼根。扦插苗留床一年后，就可以分栽或上盆。再培育1～2年即可开花。

嫁接用紫玉兰、玉兰做砧木，宜在4月上旬含笑将萌动前进行，用切接法，成活率一般可达85%，嫁接苗当年可长到30～70厘米，并可形成树冠，第二年即可开花。

## 4. 小叶蚊母树 *Distylium buxifolium*

金缕梅科　蚊母树属

**形态特征：**

常绿灌木，高达2米，嫩枝细，芽被褐色柔毛。叶薄革质，倒披针形或长圆状披针形，长3～5厘米，宽1～1.5厘米，先端锐尖，基部下延，两面无毛，全缘或近先端两侧各具一小齿突，叶柄长不及1毫米。穗状花序腋生，长1～3厘米，花序轴被毛，苞片条状披针形，长2～3毫米。蒴果卵圆形，长7～8毫米，先端尖，被星状绒毛。花期4～5月。

**地理分布：**

分布于福建、湖南、湖北、广东、广西、四川等地，常生于低海拔山谷溪边。

**引种评估：**

杭州于20世纪七八十年代从福建引入，逐步应用于河岸、堤边护岸、公园地被及道路色块绿化。

**园林应用：**

小叶蚊母树四季常绿，生长旺盛，分枝密集，萌芽力强，耐修剪，花小而多，适宜在溪流、河道、湖泊岸边栽植，是优良的水土保持和护岸植物，在园林上可片植、列植或丛植，如公园及道路色块，绿篱等，也可点缀假山卧石，极具观赏性。

性喜光，稍耐蔽荫，对土壤要求不严，在酸性、中性和轻盐碱中均能适应，能耐高温，极耐水湿。

**繁殖方法：**

用播种和扦插繁殖。

## 5. 红花檵木 *Loropetalum chinense* var. *rubrum*

金缕梅科　檵木属

**形态特征：**

红花檵木系檵木的自然变种，为常绿灌木，嫩叶淡红色至深红色，花瓣细条状，长2厘米，淡红色或紫红色，蒴果卵圆形，花期4～5月，果熟期8～9月。

**地理分布：**

红花檵木为湖南特产，分布于浏阳、平江、长沙、醴陵一带。据闻在解放前，当地的地主、乡绅就已经用红花檵木布置庭园、客厅，美化环境。

**引种评估：**

红花檵木约于20世纪80年代初传入杭州，于1987年由时任杭州市园林文物局局长施奠东先生提出，首先在杭州少年宫广场试种。至90年代，在园林绿化中大量推广应用。传入杭州的红花檵木含6个品种，即‘双面红’、‘四季红’、‘黑珍珠’、‘绿叶红花’、‘尖叶红紫’、‘小叶淡紫’，其中‘黑珍珠’叶形较小，质较厚，色暗紫，花茂，色红艳，耐修剪，最受人喜爱，也是目前杭州应用最广的品种。

**园林应用：**

红花檵木花红、叶红，具有极高的观赏价值，耐修剪，可制作盆景，树桩或修剪成球，或作绿篱、模纹色块，园林用途甚广。

红花檵木性喜光，在阳光充足处，枝叶茂密，叶色、花色艳丽。若在阴处则枝叶稀疏，叶色返青，花少而色淡。耐寒耐旱性强，最适微酸性山地黄壤，对中性土也能适应。

**繁殖方法：**

用扦插、播种、嫁接繁殖。

扦插时间以6月的梅雨季和9～10月为宜，是目前主要的繁殖方法。

播种繁殖在10月采种，果实加罩（防止种子弹逸）暴晒，种子脱粒后取净，密藏过冬。翌年2月播种，4月可出土。播种苗有少量小苗返祖变绿，应及时剔除。

嫁接多用于盆景、桩景的培育上，取檵木桩做砧木。通常树桩已培育多年，春季取红花檵木健壮枝条作接穗，用切接法嫁接于檵木树桩的萌发枝上。成活后，善加护理，并及时去除檵木新的萌条，快速形成红花檵木的盆景、树桩，供陈设欣赏。此技术近年获重大进展，许多径粗10余厘米的多杆红花檵木树桩培育成功，对植广场入口或门庭两侧，极为壮丽。

客厅
学校
中国农业银行

## 6.‘金边’胡颓子 *Elaeagnus pungens* 'Aurea'

胡颓子科　胡颓子属

**形态特征：**

‘金边’胡颓子是胡颓子的一个园艺栽培变种，系常绿灌木，高1～2米，树冠圆形开展。叶革质，椭圆形、宽椭圆形或稀长圆形，长5～10厘米，宽1.8～5厘米，全缘，边缘常微反卷或多少皱波状，上面深绿色，具光泽，边缘有一圈不规则黄斑，以黄斑多者为佳。花银白色，下垂，1～3朵生于叶腋的短小枝上。花期9～11月，翌年5月果熟，熟时呈红色，形似小红枣，甚美艳。

**引种评估：**

20世纪七八十年代，‘金边’胡颓子开始在杭州城市绿化中应用，多见于公园、庭园点缀及道路两侧小品配景中。

**园林应用：**

‘金边’胡颓子枝条交错，叶面深绿色，边缘镶嵌黄斑，叶背银灰色，异常美丽。耐修剪，易造型，可制作盆景点缀居室。也可配植公园、庭园绿地，色彩对比强烈，层次感强，在道路小品中配景尤为得体。

‘金边’胡颓子性喜温暖湿润气候，喜光，稍耐阴，但不能过阴或时间过长。冬春季应有充足阳光，否则枝叶稀疏，生长衰弱。耐寒、耐旱性强，对土壤要求不严，以肥沃、排水良好的壤土为好。

**繁殖方法：**

常用扦插繁殖。在6月梅雨季进行，剪取当年生半木质化枝条作插穗，长10～15厘米，上部留2～3叶，适当遮阴，插后1个月左右生根。

## 7. 乌柿 *Diospyros cathayensis*

柿科　柿属

**形态特征：**

半常绿小乔木或灌木，通常高2～4米，野生老树可达10米。树皮灰色，具枝刺，小枝细，密被弯曲细短毛，后渐脱落。叶片薄革质，长圆状披针形或长圆状倒披针形，长4～8厘米，宽1.5～3.5厘米，两端渐尖，上面亮绿色，下面淡绿色。雌雄异株，雄花通常3朵组成聚伞花序，花白色，具雄蕊16枚。雌花单生于叶腋，花梗细长，花冠坛形，白色具芳香，具退化雄蕊6枚。浆果近球形，径1.5～2厘米，熟时橙黄色，无毛，宿萼革质，4深裂，果柄纤细，长3～4厘米。花期4月，果熟期8～10月，经久不落。

**地理分布：**

分布于湖北、湖南、贵州、四川西部、云南东北部、安徽南部。生于海拔400～1500米的河谷、山谷林中或灌丛中。杭州庭园久有栽培。

**园林应用：**

乌柿果形优美，成熟后橙黄色，长梗下垂，赏心悦目，是优良的观果植物，常用作盆景素材或点缀庭园观赏。

性喜阳又耐阴湿，耐旱、耐寒力强，不择土壤，在酸性、中性、碱性土壤中均能生长。

**繁殖方法：**

用播种、分株、扦插、嫁接繁殖。

播种在秋冬季采收果实，取出种子晾干备用，翌春清明前播种。

分株是掘取结果母树的根蘖苗进行分栽，春秋均可进行。

扦插是取结果母树的树根或枝条作插穗，在3～4月进行扦插。

嫁接是用实生苗做砧木，用结果枝做接穗，使其提早结果。也可用雄株做砧木，采用高枝嫁接方法，将雄株改造成雌株，以利挂果观赏。

## 8. 探春花 *Jasminum floridum*

木樨科　素馨属

**形态特征：**

攀缘半常绿灌木，枝长1～3米，当年生枝绿色，具4棱，无毛。复叶互生，小叶3或5枚，稀7枚，小枝基部常有单叶，叶片椭圆状卵形至卵状长圆形，稀倒卵形，长1～3厘米，宽0.7～1.3厘米，先端急尖，基部楔形或宽楔形，边缘有细短的芒状锯齿或全缘，两面无毛，叶上面有光泽。聚伞花序顶生，有3～5花；花冠黄色，近漏斗状；花冠筒长1～1.2厘米，顶端5裂。浆果长圆形或球形，熟时黑色。花期5～6月，果熟期9～10月。

**地理分布：**

分布于陕西、甘肃、湖北、四川、贵州、河南，生于海拔2000米以下的坡地、山谷林下或灌丛中。杭州久有栽培。

**园林应用：**

探春花枝条披垂，株形优美，叶丛翠绿，花色金黄，花期可持续月余，适宜在园林中配植于池边、溪畔、悬岩、假山等处，也可在公园草坪或树丛边缘成片种植。探春花也是制作盆景的上好素材。

性喜光，但忌夏日强光直射，故盆栽的探春花夏季应移到阴凉通风有散射光的地方，9月起逐渐增加光照，10月才可置全光照下。喜疏松肥沃酸性土壤，在碱性土生长不良。

**繁殖方法：**

繁殖以扦插、压条为主。也可用播种，但实生苗要3年才能开花，故很少用。

## 9. 云南黄馨 *Jasminum mesnyi*

木樨科　素馨属

**形态特征：**

又名野迎春。常绿蔓性亚灌木，枝绿色，四棱形，拱状下垂。叶对生，三出复叶，或小枝下部具单叶，叶两面无毛。花叶同放，花单生于枝下部叶腋，稀双生或单生近小枝顶端；花冠黄色，漏斗状，直径3～4厘米，呈半重瓣。浆果椭圆形，但在杭州未见结实。花期4月。

**地理分布：**

分布于四川西南部、贵州、云南，生于海拔500～2600米峡谷、林中。杭州久有栽培。

**园林应用：**

云南黄馨枝叶悬垂，姿态婀娜，春季黄花绿叶相衬，最耐观赏，宜栽于水边驳岸及道侧挡墙边缘，也宜与假山、卧石配置，也可栽于坡地高处，以收美化和挡土之效。

性喜光，稍耐阴，喜温暖湿润气候，不甚耐寒，但在杭州能安全越冬。对土壤要求不严，耐干旱瘠薄，但在土层深厚肥沃及排水良好的土壤中生长更佳，萌蘖力强。

**繁殖方法：**

主要用扦插繁殖，也可分株、压条繁殖。扦插时间，春秋两季均可进行。春季在芽尚未萌动而将萌动之时进行，或在花后进行，秋季可在9～10月进行，此时扦插，生根快，易管理，成活率高。分株在春季进行，压条在春、夏两季进行，但繁殖系数不高。

## 10. 水栀子 *Gardenia jasminoides* 'Radicans'

茜草科　栀子属

**形态特征：**

又名雀舌花，现在很多人俗称它“小叶栀子”。本种系匍匐状常绿小灌木，多分枝。叶对生或3叶轮生，叶片倒披针形，通常长5厘米，宽0.8～1.5厘米。花单生叶腋或枝顶，花较小，白色，具芳香。果长1.5厘米。花期5～6月。

**地理分布：**

分布于浙江省南部的龙泉、云和、景宁、遂昌、乐清、平阳、洞头、文成、泰顺，生于海拔250米以下的山坡谷地及溪边路旁灌丛中或石隙中。

**引种评估：**

20世纪90年代初期传入杭州，在杭州城市绿化中被广泛应用。

**园林应用：**

水栀子天性匍匐生长，高不及0.6米，多分枝，耐修剪。叶常绿，花小而茂，较耐水湿，适宜在公园、庭园、道路及河道两侧绿地作地被或色块种植，尤其在高架路下生长旺盛，是高架路下绿化的优良树种之一，也可点缀假山、卧石或盆栽观赏。

性喜半阴湿润环境，忌烈日，喜湿润肥沃、排水良好的酸性土壤，中性土也能适应，不耐盐碱。

**繁殖方法：**

用扦插、压条、分株繁殖。以扦插为主，硬枝扦插在3月间进行，选取1～2年生健壮枝条做插穗，上端留叶2～4片，适当遮阳，5月发根；半成熟枝扦插在6～7月进行，选择当年生健壮枝作插穗，插后遮阳，保持床土湿润，20天左右生根。冬季宜用塑料薄膜拱棚保温，以防冰拔伤根。压条、分株均在春季进行。移植带宿土。

## 11. 六月雪 *Serissa japonica*

茜草科　白马骨属

**形态特征：**

又名满天星。常绿小灌木，高达50厘米，小枝灰白色，幼枝被短柔毛。叶片厚纸质，形小，狭椭圆形或狭椭圆状倒卵形，长0.6～1.5厘米，宽0.2～0.6厘米，先端急尖，有小尖头，基部长楔形，全缘，叶柄极短。花单生或数朵簇生，生于叶腋或枝顶，无梗，花冠白色，微带红晕，长1～1.5厘米，顶端4～6裂。果小，干燥。花期5～6月，盛开时一片白花，犹如雪压枝头，故有“六月雪”之名。

**地理分布：**

分布于浙江省仙居、乐清、文成、泰顺、平阳，生于海拔100～770米的山坡谷地及溪边林下或岩上，长江流域及以南各地均有分布。

**引种评估：**

杭州园林久有栽培，供观赏。栽培变种有‘金边’六月雪*Serissa japonica* 'Aureo-marginata'，叶边缘金黄色；‘重瓣’六月雪*Serissa japonica* 'Pleniflora'，花重瓣。

**园林应用：**

六月雪植株低矮，枝叶茂密，四季常绿，花繁而美，在传统园林中常作花坛边界、花篱及花境配植，也或点缀于山石、岩间。在现代园林中，六月雪常群植或丛植于疏林下或林缘、河边及道路两侧绿地，作地被和色块应用。也可作盆景素材。

性喜温暖湿润气候，喜阳，也能耐半阴，怕强光，不甚耐寒，较耐旱，耐瘠薄，喜生长在排水良好湿润肥沃土壤中，萌芽、萌蘖力强，耐修剪。

**繁殖方法：**

采用扦插、分株或压条方法繁殖。但一般多采用扦插繁殖，因其繁殖比较方便，繁殖系数大，全年都可进行，但以2～3月扦插最易成活，成本最低。如在梅雨季用半成熟枝扦插则需要搭遮阴棚，只要管理得当，成活率也很高。冬季扦插也可以，但需要搭棚防寒，很少采用。分株和压条均在早春进行。

# 四 落叶灌木与小乔木

## 1. 紫玉兰 *Magnolia liliiflora*

木兰科　木兰属

**形态特征：**

又名木笔、辛夷。落叶灌木，高3～4米，树皮灰褐色，小枝紫褐色，有明显灰白色皮孔。顶芽卵形，被淡黄色绢毛。叶椭圆状倒卵形或倒卵形，长8～18厘米，宽3～10厘米。花先叶或与叶同时开放，花被片9，外轮3片萼片状，内2轮为花瓣，长圆状倒卵形，长8～11厘米，外面紫色或紫红色，内面白色带紫。聚合果圆柱形，熟时褐色。花期4月，果熟期8～9月。

**地理分布：**

分布于湖北、四川、云南，久经栽培。

**引种评估：**

杭州从何时开始种紫玉兰已无处可查，但从古人的诗词中可略知大概。唐朝白居易《题灵隐寺红辛夷花，戏酬光上人》诗曰："紫粉笔含尖火焰，红胭脂染小莲花。芳情香思知多少，恼得山僧悔出家。"南宋陆游的《幽居初夏》一诗中也有"箨龙已过头番笋，木笔犹开第一花"之句，可知唐宋时紫玉兰在杭州、绍兴等地已经有栽培。

**园林应用：**

紫玉兰是著名的庭园观赏树种，全市普遍栽培。幼时稍耐阴，成年喜光，耐轻碱土壤，不耐积水。花蕾可入药，商品名辛夷，用作镇痛剂。

**繁殖方法：**

用播种、压条、分株、扦插繁殖。种子采收后洗净晾干，层积沙藏过冬，在翌年2月下旬播种，4月下旬可出土。压条、分株、扦插均在春季芽萌动前进行。

## 2. 蜡梅 *Chimonanthus praecox*

蜡梅科　蜡梅属

**形态特征：**

落叶大灌木，树形丛生，高达4米。叶对生，椭圆形、椭圆状卵形或椭圆状披针形，长5～20厘米，宽2～8厘米，先端渐尖，基部楔形、宽楔形或圆形，近全缘，上面粗糙。花单生叶腋，芳香，金黄色，有光泽，犹如蜂蜡，故有蜡梅之名。花瓣基部具褐色斑纹，雄蕊5～7枚，心皮7～14，果托卵状长椭圆形。蜡梅在黄梅季时叶腋已生花芽，待秋风起时叶黄而落，花芽膨大，初冬起陆续开放，直至翌年2月，果熟期6月。

**地理分布：**

自然分布于陕西秦岭南坡，海拔1100米以下山谷岩缝内或灌丛中，湖北西部山区的岩缝、峡谷间也有野生。

**引种评估：**

杭州什么时候开始种植蜡梅、从何处而来的确切资料已无处可查，但据南宋乾道五年（即公元1169年）知临安府周淙编辑出版的《乾道临安志》内，在其《今产》项目下的花类中就有“腊梅”一词（腊梅与蜡梅两种写法在古代是通用的）。在咸淳四年（公元1268年）由知临安府潜说友组织编辑的《咸淳临安志》中也有“腊梅”的记载，由此可见，至晚在南宋时候杭州就有蜡梅的栽培。最大的可能就是在北宋亡国时由京都开封的官宦、名门望族以及富豪乡绅举家南下时带入杭州。杭州现存最古老的蜡梅位于龙井村狮峰胡公庙内，树龄已达840年，另在灵峰景区也有数株百年以上的老树，依然枝繁叶茂，芳香馥郁。

**园林应用：**

杭州栽培的蜡梅主要有狗蝇蜡梅、磬口蜡梅、素心蜡梅3大类。狗蝇蜡梅也或是蜡梅原种，雌雄蕊发育正常，花后结实，种子饱满，小苗是嫁接素心蜡梅等优良品种的砧木。磬口蜡梅花瓣圆形，内轮花被有红紫色边缘与条纹，花较大，最耐开，虽已至谢时，花仍若半含似磬，故有磬口蜡梅之称，香味最浓。素心蜡梅花被片全蜡黄色，香气稍淡。

蜡梅寿命长，适应性强，从黄河流域、长江流域到珠江两岸都能生长开花。性喜光，稍耐阴，耐干旱，忌水湿。最适排水良好的中性及微酸性砂壤土，忌黏土及盐碱土。

**繁殖方法：**

狗蝇蜡梅果实于当年6月成熟，采后日晒脱粒，种子即可播种，10余天出苗。翌春分栽，培育一年即可作砧木应用，或继续培成大苗。对不结实的优良品种采用嫁接法，用2年生独本狗蝇蜡梅作砧木，行切接或靠接。也可用压条和分株繁殖，压条采用堆土或高压两法，但发根甚慢，有说需3年以上方见生根；分株在落叶后至翌春萌芽前进行，在母株周边挖取已生根的萌蘖苗即可。

## 3. 海滨木槿 *Hibiscus hamabo*

锦葵科　木槿属

**形态特征：**

又名海槿、海塘树。落叶灌木，高1～2.5米，分枝多，小枝及叶片、叶柄、托叶、花梗、花萼等均密被灰白色星状毛。叶片厚纸质，近圆形，长3～6厘米，宽3.5～7厘米，基部圆或浅心形，具5～7脉。花单生枝端叶腋，花冠钟形，直径5～6厘米，金黄色。蒴果三角状卵形，长约2厘米，具黄褐色毛。花期6～8月，果熟期9～11月，秋季叶色变红。

**地理分布：**

分布于浙江省舟山群岛和福建沿海岛屿，日本和朝鲜半岛也有分布，生长于海滨盐碱地上。

**引种评估：**

20世纪90年代初引入杭州，在公园及道路绿化带有少量栽培。

**园林应用：**

海滨木槿是优良的防风、固沙、护堤、防潮树种，可作海岸防护林。花大型，花色金黄，鲜艳美丽，花期长，入秋叶色红艳，是优良的园林观花、观叶树种，树皮纤维坚韧，可制绳、造纸，种子可榨油。

性喜光，耐高温干旱，也能耐-10℃低温，根系发达，抗风，耐短期水涝，对土壤的适应性强，在酸性土至盐碱土上都能生长。

**繁殖方法：**

用播种和扦插繁殖。

播种繁殖在11月下旬采种，果实摊放通风处数天，搓擦取净种子，装袋干藏过冬，于翌年3月播种。种子千粒重16克左右。因种皮坚硬，播前需经处理方能促使种子顺利发芽。处理的方法是：用开水浸烫1分钟，速加冷水降温到60℃左右，任其自然冷却，再用清水浸种2～3天，每天换水一次。播种通常采用条播法，当幼苗长出真叶时，应分2～3次进行间苗，去弱留强，并可开始施薄肥。小苗畏寒，冬季需采取防冻措施，当年生苗高50～60厘米。翌年春分栽，播种的实生苗2～3年可开花。

扦插繁殖分春季硬枝扦插和梅雨季嫩枝扦插两种，以梅雨季扦插成活率较高，成活率50%～70%。

## 4. 木芙蓉 *Hibiscus mutabilis*

锦葵科　木槿属

**形态特征：**

又名芙蓉花、木莲、拒霜花。落叶灌木或小乔木，高达5米，小枝、叶柄、花梗、花萼均密被星状毛及细绵毛。叶卵圆状心形，宽10～15厘米，5～7裂，裂片三角形，具钝锯齿，上面疏被星状细毛，下面密被星状细绒毛。花大，单生于枝端叶腋，花梗长5～8厘米，粗壮，花径7～8厘米，初放时淡红色，后变为深红色，花瓣近圆形，宽4～5厘米。蒴果扁球形。花期9～11月，果熟期11～12月。

**地理分布：**

原产我国湖南，长江流域及以南各地均有栽培。

**引种评估：**

杭州栽培木芙蓉的历史也很久远。明代诗人瞿宗吉《西湖四时·望江南》一词中，有“西湖景，秋日更宜观。桂子冈峦金粟富，芙蓉洲渚彩云间，爽气满山前”之句，说明至少在明代时杭州已有木芙蓉的栽培。

**园林应用：**

木芙蓉是杭州重要的秋季观花树种，花色艳丽，广泛种植于公园、庭园、宅旁、公路和河道、湖泊旁边，以栽植水边最为得体。

杭州尚有‘重瓣’木芙蓉*Hibiscus mutabilis* 'Plenus'和‘醉’芙蓉*Hibiscus mutabilis* 'Zui'两个园艺品种。重瓣木芙蓉花重瓣，通常粉红色，花径可达8～11厘米；醉芙蓉花色较深，娇媚动人，皆为优良品种。

性喜光，喜肥沃湿润土壤。本种在南方可长成小乔木，但杭州冬季较冷，通常地上部分入冬后枯死，可平茬越冬，也可在开春萌发前剪去枯枝，松土施肥，促使萌条生长健壮。树体呈灌木状。

**繁殖方法：**

用分株、扦插繁殖。

## 5. 秤锤树 *Sinojackia xylocarpa*

安息香科　秤锤树属

**形态特征：**

俗名秤砣树。落叶小乔木或灌木，高3～7米，树皮棕色，枝直立而斜展。叶椭圆形至椭圆状倒卵形，长3.5～11厘米，宽2～6厘米，先端短尾尖，基部楔形，边缘有骨质细锯齿。伞房花序，具花3～5朵，花白色，直径约1.5厘米，花梗长2.5～3厘米。果实木质，卵形，长2～2.5厘米，直径1～1.3厘米，红褐色，形如秤锤，花果均下垂。花期4月下旬，果熟期8～10月。

**地理分布：**

分布于江苏南京幕府山、燕子矶，浦口老山，句容宝华山等地，生于海拔300～800米处的林缘或疏林中。模式标本采自幕府山，为国家二级濒危保护树种。

**引种评估：**

杭州于20世纪50年代即有秤锤树引种栽培，开花结实正常，生长良好。

**园林应用：**

秤锤树枝叶浓密，色泽苍翠，初夏盛开白色小花，洁白可爱，秋季果熟，形如秤锤，富有野趣，极具特色，是一种优良的观花观果树种，适宜于公园等公共绿地种植观赏。

性喜光，耐半阴，较耐寒、耐旱。喜深厚肥沃、排水良好的酸性砂质壤土，忌水淹。

**繁殖方法：**

用播种和扦插繁殖。秤锤树结实率高，秋季种子采收后，取净，用湿沙层积沙藏过冬，翌年早春播种。扦插在6月梅雨季进行，用健壮半成熟枝作插穗。

## 6. 连翘 *Forsythia suspensa*

木樨科　连翘属

**形态特征：**

落叶灌木，高可达3米，具有丛生直立茎，枝开展，常拱形下垂，略有蔓性。茎皮灰褐色，无毛，稍呈四棱形，中空。叶对生，单叶，有时成三出复叶，叶片纸质，卵形、宽卵形或长圆状卵形，两面无毛。花先叶开放，通常单生或罕2～3朵着生于叶腋，花冠黄色，钟形，4深裂。蒴果卵圆形，长约1.5厘米，顶端尖，疏生疣点状皮孔。花期3月，果熟期9月。

**地理分布：**

分布于辽宁、河北、河南、山西、陕西、山东、湖北、四川，生于海拔250～2200米山坡灌丛及山谷、山沟疏林中。杭州久有栽培。

**园林应用：**

连翘早春先叶开花，花开时满枝金黄，艳丽可爱，有淡淡芳香，是早春优良观花灌木，适宜于宅旁、亭阶、墙隅、篱下与路边配置，也宜于溪边湖畔、岩石、假山下栽种，根系发达，也可种在河岸边和坡地上，用以固岸护坡。'林伍德'连翘（日本品种）颜色特别亮丽，2016年由施奠东先生从北京植物园引入，现也在风景区广泛应用。

性喜光，有一定的耐阴性，喜温暖、湿润气候，也很耐寒、耐干旱和瘠薄，怕涝。不择土壤，在中性、微酸性或碱性土壤均能正常生长。

**繁殖方法：**

用播种、扦插、压条、分株等方法繁殖。

## 7. 迎春花 *Jasminum nudiflorum*

木樨科　素馨属

**形态特征：**

又名金腰带。落叶灌木，高0.8～3米，枝条绿色，通常下垂，幼枝呈四棱形。三出复叶对生，有时幼枝基部有单叶。花先叶开放，单生于已落叶的去年生枝的叶腋，稀生于小枝顶端。花萼绿色，花冠黄色，冠筒长1～1.5厘米，花径2～2.5厘米，呈高脚碟状，有清香。花期2～4月，在杭州未见其结实。

**地理分布：**

分布于陕西、甘肃、四川、贵州、云南西北部、西藏东南部，生于海拔800～2000米山坡灌丛或岩缝中。

**引种评估：**

迎春花因在众花之中开花最早，其后迎来百花齐放的春天而得名，与梅花、水仙、山茶统称为“雪中四友”，是我国传统的花卉之一，已有1000余年的栽培历史。唐代大诗人白居易诗《代迎春花召刘郎中》和北宋名相韩琦诗《中书东厅迎春花》两诗，证明迎春花在唐宋时期已有栽培，并被文人雅士视为高雅之品。杭州什么时候开始种迎春花已无处可查，但可以肯定一定是很久很久了。或许是北宋南逃的官员文人把它带到了杭州，这只是猜想。

**园林应用：**

迎春花枝条披垂，冬末至早春先叶开放，花色金黄，楚楚可爱，是早春优良的观花树种，在园林绿化中宜配植在湖边、溪畔、花坛、墙隅，也可在林缘、坡地、道侧种植。迎春花也是传统的盆景素材，以做悬崖形盆景最为美观。

性喜光，稍耐阴，较耐寒，耐旱，忌涝，喜温暖湿润气候和疏松肥沃、排水良好的砂质土壤，在酸性土中生长旺盛，碱性土中生长不良。

**繁殖方法：**

繁殖以扦插为主，也可用压条、分株繁殖。

扦插：春、夏、秋三季均可进行，剪取半木质化枝条长12～15厘米，插入沙土中保持湿润，约15天生根。

压条：取下部枝条浅埋沙土中，保持土壤湿润，40～15天生根，翌年春与母株分离。

分株：在春季芽将萌动时进行。

白居易《代迎春花召刘郎中》诗：
幸与松筠相近栽，不随桃李一时开。
杏园岂敢妨君去，未有花时且看来。
韩琦《中书东厅迎春》诗：
覆阑纤弱绿条长，带雪冲寒折嫩黄。
迎得春来非自足，百花千卉任芬芳。

## 8. 紫丁香 *Syringa oblata*

木樨科　丁香属

**形态特征：**

落叶灌木或小乔木，高达4米。冬芽卵形，无毛。小枝粗壮。叶卵圆形至肾形，厚纸质，长3.5～10厘米，宽3～11厘米，基部浅心形至截形，全缘，两面无毛。圆锥花序直立，出自两年生枝的侧芽，长6～15厘米，花萼杯形，花冠紫色，漏斗形，冠筒长约1.3厘米，顶端4裂，有香味。蒴果倒卵状椭圆形或长椭圆形压扁状，长1～2厘米，平滑无毛，2室，每室有种子2粒。花期4～5月，果熟期7～8月。

**地理分布：**

分布于四川、山东、陕西、甘肃、内蒙古、辽宁、吉林等地海拔300～2400米的山坡、山沟、溪边、路旁。

**引种评估：**

杭州有栽培。起于何时不详。杭州地处中亚热带北缘季风气候区，雨量过多，夏秋过热，对紫丁香不甚适应，故生长较弱，在园林养护上尤需多加管理。

**园林应用：**

紫丁香花色美丽，具芳香，是我国重要的园林花木，在华北、西北、四川栽培甚广。性喜光，耐半阴，耐寒、耐旱性强。对土壤要求不严，在适度湿润、肥沃、排水良好的土壤上生长良好，忌黏重土和板结土壤，不耐积水，对二氧化硫有一定抗性和净化作用。

**繁殖方法：**

紫丁香的繁殖方法有播种、扦插、嫁接等法。

播种于春秋两季在室内盆播，或在露地播种。春播的种子应先层积沙藏两个月再播，可促使种子提早发芽，且出土整齐。

扦插在花落1月后进行，选当年生半木质化健壮枝条作插穗，插穗长15厘米左右，插后用塑料薄膜拱棚覆盖，适当遮阴，1月余生根，也可在入冬前剪取健壮枝条露地埋藏，翌春扦插。

嫁接用枝接和芽接均可，砧木多用欧洲丁香和小叶女贞，杭州也有用女贞做砧木高接的，据称可提高紫丁香对杭州气候环境的适应性。

## 附：白丁香 *Syringa oblata* var. *alba*

杭州有栽培，本变种与原种的区别在于花白色，幼枝及成熟小枝均有细短柔毛，叶较小，下面有微细短柔毛。花期4～5月。

习性及繁殖方法与原种同。

## 9. 海仙花 *Weigela coraeensis*

忍冬科　锦带花属

**形态特征：**

落叶大灌木，高达5米，小枝粗壮，无毛或疏生柔毛。叶片宽椭圆形或倒卵形，长6～12厘米，宽3～7厘米，先端突尾尖，基部宽楔形，边缘具细钝锯齿。聚伞花序具一至数朵花生于短枝叶腋或枝顶，初放时淡红色或带黄白色，后变深红或带紫色，花冠漏斗状钟形，长2.5～4厘米。蒴果柱状长圆形。花期5～6月，果熟期9～10月。

**地理分布：**

分布于华北和华东地区，生长在海拔1000米左右的山坡草地、湿润沟谷或溪水边，在庐山生于上部灌丛中，杭州公园、寺庙、疗养院中有栽培。

**园林应用：**

海仙花花色艳丽，姿态优美，着花繁茂，具有较高的观赏价值。花期处于春末夏初，此时正是春花已谢夏花未盛之时，海仙花此时盛开，正好填补了这个时期的空白，花期长达2个月之久，是园林中优良的观花灌木，适宜种在公园或庭园墙边、水旁，或点缀假山、坡地，也宜作高篱花墙，间隔空间。

性喜光也耐阴，耐寒，适应性强，对土壤要求不严，能耐瘠薄，在深厚、湿润、富含腐殖质的土壤中生长最好，要求排水良好，忌水涝。

**繁殖方法：**

用播种、压条繁殖。

种子在9～10月采收，取净后干藏，翌年春季播种。小苗在夏季要适当遮阴，保持床土湿润，冬季注意防寒。实生苗培育3年后即可开花。

压条在5～9月进行，以6月最佳，此时气温已升，土壤湿润，最利长根。选择下部匍匐枝压条，当年冬季或翌年春季即可与母株割离分栽。

## 10.锦带花 *Weigela florida*

忍冬科 锦带花属

**形态特征：**

落叶灌木，高达3米，幼枝具4棱。叶椭圆形、倒卵状椭圆形或卵状长圆形，长5～10厘米，先端渐尖，基部圆或宽楔形，边缘具锯齿，上面疏生短柔毛，下面毛较密。花1～4朵，单生或呈聚伞花序生于短枝的叶腋或枝端；花冠呈漏斗状钟形，玫瑰色或粉红色，长3～4厘米，外面疏被柔毛。果长1.5～2.5厘米。花期4～6月，果熟期10月。

**地理分布：**

分布于东北、内蒙古、陕西、山西、河南、山东及江苏云台山，生于海拔1400米以下杂木林内、灌丛及岩缝中，华北习见，杭州公园、庭园久有栽培。

**引种评估：**

锦带花于1845年传入欧洲，随后该属的其他种也陆续传入欧洲。欧洲人进行了杂交育种，至今世界上已有170个园艺品种。我国近年又从欧洲引回部分优良品种，为园林增色不少。主要品种有：

1.‘繁花’锦带*Weigela florida* 'Eva Rathke'，为株形紧密的直立灌木，株高、冠幅1.5米，幼枝有短柔毛，叶卵状长椭圆形，花较大，深红色。花期5月初至6月上中旬，盛花期15～20天。

2.‘冠军’锦带*Weigela florida* 'Eva Supreme'，为株形紧密的直立性灌木，株高、冠幅1.2～1.5米。花较大，亮红色，花开时花朵多直立，极为繁茂。花期5月初至6月上旬，盛花期15～20天。

3.‘红王子’锦带*Weigela florida* 'Red Prince'，株高1.5～2.5米，叶边缘褶皱，花深红色，颜色比‘冠军锦带’稍暗，开花时花朵多下垂。花期4月底至5月中旬，盛花期10～15天。

4.‘花叶’锦带*Weigela florida* 'Variegata'，株高1.5～2米，冠幅2～2.5米。新叶边缘乳黄色，后变为乳白色，花粉红色，较大。花期5月上中旬，盛花期7～10天。

5.‘双色’锦带*Weigela florida* 'Carnaval'，株高2～3米，冠幅2～2.5米。叶肥大，卵圆形。开两种花色，红色和粉红，对比明显，花朵多直立。花期5月上旬至下旬，盛花期15～20天。

6.‘紫叶’锦带*Weigela florida* 'Foliia Purpureis'，株高0.8～1米，冠幅1～1.2米，春季新叶紫红色，叶缘微皱。花深粉红色。花期4月底至5月中旬，盛花期10～15天。

**园林应用：**

锦带花花色红艳，花茂，病虫害少，生长强健，是优良的春季观花植物，适宜植于林缘、树丛边作自然式花篱、花丛，或植于公园、湖畔、庄园角隅、墙边和路旁，或点缀假山、卧石，或植于坡地上以挡水土，均甚适宜。也可作盆栽观赏，花枝可供瓶插。

锦带花性喜光，稍耐阴，耐寒性强。耐瘠薄，不择土壤，有一定的耐盐碱能力，在深厚、湿润而排水良好的土壤中生长最佳，怕水涝，在排水不良处叶枯黄脱落。

**繁殖方法：**

用扦插、分株或压条繁殖，以扦插法应用最广。在春季2月底至3月上旬，用1年生健壮枝条，于露地扦插，或于6～7月初采用当年生半木质化枝条，在遮阳棚下扦插，约20天生根，易成活。分株和压条均在春季进行。

‘红王子’锦带

‘花叶’锦带

锦带花

‘紫叶’锦带

# ㊄ 其他

## 1. 苏铁 *Cycas revoluta*

苏铁科　苏铁属

**形态特征：**

常绿木本植物，树干圆柱形，直立，通常高约2米，稀达8米以上，有明显螺旋状排列的叶柄残痕。羽状叶从树干顶部生出，长70～200厘米，裂片达100对以上，条形，厚革质，坚硬，长9～18厘米，宽4～6毫米，叶轴基部的小叶变成刺状。雌雄异株。种子卵球形而微扁，红褐色或橘红色。花期6～7月，种子10月成熟。

**地理分布：**

自然分布于福建、广东、台湾，日本南部、菲律宾、印度尼西亚也有分布。全国各地栽培甚广，华南、西南各地多露地栽植，长江流域及以北地区多行盆栽，冬季需移入室内。

**引种评估：**

杭州以前也行盆栽，但近年来露地越冬的也不少，一是杭州近几年可谓是暖冬，气温不是太低，抑或是苏铁本身经多年驯化，抗寒性已有提高，这有待今后进一步观察。喜温暖湿润气候，不耐寒冷，不耐水湿，土壤积水或长期潮湿会引起烂根，喜酸性腐殖土。杭州栽培的苏铁很少开花结实，仅偶尔有见之，种子饱满。

**园林应用：**

苏铁为优美观赏树种，树形古朴，叶色苍翠。杭州以往多为盆栽，近年已在道路隔离带、庭园、广场、宾馆等处露天栽培，有部分冻死，也有很多已过数冬，未见冻害。故有望通过人工和自然选择，将耐寒性较强的单株，定向进行培育和繁殖，或可育成抗寒的品种，使苏铁这个古老而优美的树种更广泛地用在城市绿化中，而无冻害之虞。

**繁殖方法：**

用播种或取干茎基部球形萌蘖（吸芽）繁殖。

# 附录一　部分种子植物不同分类系统信息对照

| 中文名 | 拉丁名 | 恩格勒分类系统 | | APG IV分类系统 | |
|---|---|---|---|---|---|
| | | 科名 | 属名 | 科名 | 属名 |
| 日本柳杉 | *Cryptomeria japonica* | 杉科 | 柳杉属 | 柏科 | 柳杉属 |
| 北美红杉 | *Sequoia sempervirens* | 杉科 | 北美红杉属 | 柏科 | 北美红杉属 |
| 池杉 | *Taxodium distichum* var. *imbricatum* | 杉科 | 落羽杉属 | 柏科 | 落羽杉属 |
| 落羽杉 | *Taxodium distichum* | 杉科 | 落羽杉属 | 柏科 | 落羽杉属 |
| 墨西哥落羽杉 | *Taxodium mucronatum* | 杉科 | 落羽杉属 | 柏科 | 落羽杉属 |
| 广玉兰 | *Magnolia grandiflora* | 木兰科 | 木兰属 | 木兰科 | 北美木兰属 |
| 北美枫香 | *Liquidambar styraciflua* | 金缕梅科 | 枫香树属 | 蕈树科 | 枫香树属 |
| 帚型桃 | *Prunus persica* 'Terutebeni' | 蔷薇科 | 桃属 | 蔷薇科 | 李属 |
| 日本早樱 | *Prunus* × *yedoensis* | 蔷薇科 | 樱属 | 蔷薇科 | 李属 |
| 日本晚樱 | *Prunus serrulata* var. *lannesiana* | 蔷薇科 | 樱属 | 蔷薇科 | 李属 |
| 日本木瓜 | *Chaenomeles japonica* | 蔷薇科 | 木瓜属 | 蔷薇科 | 木瓜海棠属 |
| 银荆 | *Acacia dealbata* | 豆科 | 金合欢属 | 豆科 | 相思树属 |
| 花叶三角枫 | *Acer buergerianum* 'Variegatum' | 槭树科 | 槭属 | 无患子科 | 槭属 |
| 羽扇槭 | *Acer japonicum* | 槭树科 | 槭属 | 无患子科 | 槭属 |
| 梣叶槭 | *Acer negundo* | 槭树科 | 槭属 | 无患子科 | 槭属 |
| 鸡爪槭 | *Acer palmatum* | 槭树科 | 槭属 | 无患子科 | 槭属 |
| 红花槭 | *Acer rubrum* | 槭树科 | 槭属 | 无患子科 | 槭属 |
| 糖槭 | *Acer saccharum* | 槭树科 | 槭属 | 无患子科 | 槭属 |
| 樟叶槭 | *Acer coriaceifolium* | 槭树科 | 槭属 | 无患子科 | 槭属 |
| 日本厚皮香 | *Ternstroemia japonica* | 山茶科 | 厚皮香属 | 五列木科 | 厚皮香属 |
| 石榴 | *Punica granatum* | 石榴科 | 石榴属 | 千屈菜科 | 石榴属 |
| 洒金珊瑚 | *Aucuba japonica* var. *variegata* | 山茱萸科 | 桃叶珊瑚属 | 丝缨花科 | 桃叶珊瑚属 |
| 地中海荚蒾 | *Viburnum tinus* | 忍冬科 | 荚蒾属 | 五福花科 | 荚蒾属 |
| 凤尾丝兰 | *Yucca gloriosa* | 百合科 | 丝兰属 | 天门冬科 | 丝兰属 |
| 水松 | *Glyptostrobus pensilis* | 杉科 | 水松属 | 柏科 | 水松属 |
| 水杉 | *Metasequoia glyptostroboides* | 杉科 | 水杉属 | 柏科 | 水杉属 |
| 细柄蕈树 | *Altingia gracilipes* | 金缕梅科 | 蕈树属 | 蕈树科 | 蕈树属 |
| 兰考泡桐 | *Paulownia elongata* | 玄参科 | 泡桐属 | 泡桐科 | 泡桐属 |
| 观光木 | *Tsoongiodendron odorum* | 木兰科 | 观光木属 | 木兰科 | 含笑属 |
| 七叶树 | *Aesculus chinensis* | 七叶树科 | 七叶树属 | 无患子科 | 七叶树属 |
| 紫玉兰 | *Magnolia liliiflora* | 木兰科 | 木兰属 | 木兰科 | 玉兰属 |

# 附录二　杭州乡土园林树种一览表

| 中文名 | 学名 | 科名 | 性状 | 应用频率 |
|---|---|---|---|---|
| 银杏 | *Ginkgo biloba* | 银杏科 | 落叶乔木 | 多 |
| 马尾松 | *Pinus massoniana* | 松科 | 常绿乔木 | 多 |
| 台湾松 | *Pinus taiwanensis* | 松科 | 常绿乔木 | 少 |
| 金钱松 | *Pseudolarix amabilis* | 松科 | 落叶乔木 | 较多 |
| 华东黄杉 | *Pseudotsuga gaussenii* | 松科 | 常绿乔木 | 较少 |
| 南方铁杉 | *Tsuga chinensis* | 松科 | 常绿乔木 | 少 |
| 柳杉 | *Cryptomeria japonica* var. *sinensis* | 杉科 | 常绿乔木 | 较多 |
| 杉木 | *Cunninghamia lanceolata* | 杉科 | 常绿乔木 | 较多 |
| 柏木 | *Cupressus funebris* | 柏科 | 常绿乔木 | 多 |
| 刺柏 | *Juniperus formosana* | 柏科 | 常绿乔木 | 少 |
| 侧柏 | *Platycladus orientalis* | 柏科 | 常绿乔木 | 多 |
| 三尖杉 | *Cephalotaxus fortunei* | 三尖杉科 | 常绿小乔木 | 较少 |
| 粗榧 | *Cephalotaxus sinensis* | 三尖杉科 | 常绿小乔木 | 较少 |
| 南方红豆杉 | *Taxus wallichiana* var. *mairei* | 红豆杉科 | 常绿大乔木 | 较多 |
| 榧树 | *Torreya grandis* | 红豆杉科 | 常绿乔木 | 较多 |
| 响叶杨 | *Populus adenopoda* | 杨柳科 | 落叶乔木 | 少 |
| 垂柳 | *Salix babylonica* | 杨柳科 | 落叶乔木 | 多 |
| 银叶柳 | *Salix chienii* | 杨柳科 | 落叶小乔木 | 较少 |
| 南川柳 | *Salix rosthornii* | 杨柳科 | 落叶乔木 | 较多 |
| 杨梅 | *Myrica rubra* | 杨梅科 | 常绿乔木 | 较多 |
| 山核桃 | *Carya cathayensis* | 胡桃科 | 落叶乔木 | 较少 |
| 青钱柳 | *Cyclocarya paliurus* | 胡桃科 | 落叶乔木 | 较少 |
| 化香树 | *Platycarya strobilacea* | 胡桃科 | 落叶乔木 | 较少 |
| 枫杨 | *Pterocarya stenoptera* | 胡桃科 | 落叶大乔木 | 多 |
| 板栗 | *Castanea mollissima* | 壳斗科 | 落叶乔木 | 较多 |
| 米槠 | *Castanopsis carlesii* | 壳斗科 | 常绿乔木 | 较少 |
| 甜槠 | *Castanopsis eyrei* | 壳斗科 | 常绿乔木 | 较少 |
| 苦槠 | *Castanopsis sclerophylla* | 壳斗科 | 常绿乔木 | 较多 |
| 青冈 | *Cyclobalanopsis glauca* | 壳斗科 | 常绿乔木 | 较多 |
| 石栎 | *Lithocarpus glaber* | 壳斗科 | 常绿乔木 | 较少 |
| 麻栎 | *Quercus acutissima* | 壳斗科 | 落叶乔木 | 较多 |
| 槲栎 | *Quercus aliena* | 壳斗科 | 落叶乔木 | 较多 |
| 白栎 | *Quercus fabri* | 壳斗科 | 落叶乔木 | 较多 |
| 糙叶树 | *Aphananthe aspera* | 榆科 | 落叶乔木 | 较多 |
| 紫弹树 | *Celtis biondii* | 榆科 | 落叶乔木 | 较少 |
| 珊瑚朴 | *Celtis julianae* | 榆科 | 落叶乔木 | 多 |
| 朴树 | *Celtis sinensis* | 榆科 | 落叶乔木 | 多 |
| 青檀 | *Pteroceltis tatarinowii* | 榆科 | 落叶乔木 | 较少 |
| 杭州榆 | *Ulmus changii* | 榆科 | 落叶乔木 | 较少 |
| 榔榆 | *Ulmus parvifolia* | 榆科 | 落叶乔木 | 多 |
| 红果榆 | *Ulmus szechuanica* | 榆科 | 落叶乔木 | 较少 |
| 大叶榉树 | *Zelkova schneideriana* | 榆科 | 落叶乔木 | 多 |
| 榉树 | *Zelkova serrata* | 榆科 | 落叶乔木 | 较少 |
| 构树 | *Broussonetia papyrifera* | 桑科 | 落叶乔木 | 较多 |
| 柘 | *Maclura tricuspidata* | 桑科 | 常绿小乔木 | 较少 |
| 薜荔 | *Ficus pumila* | 桑科 | 常绿藤本 | 多 |
| 桑 | *Morus alba* | 桑科 | 落叶乔木 | 较少 |
| 连香树 | *Cercidiphyllum japonicum* | 连香树科 | 落叶乔木 | 少 |
| 木通 | *Akebia quinata* | 木通科 | 落叶藤本 | 较少 |

续表

| 中文名 | 学名 | 科名 | 性状 | 应用频率 |
|---|---|---|---|---|
| 三叶木通 | *Akebia trifoliata* | 木通科 | 落叶藤本 | 较少 |
| 长柱小檗 | *Berberis lempergiana* | 小檗科 | 常绿灌木 | 多 |
| 狭叶十大功劳 | *Mahonia fortunei* | 小檗科 | 常绿灌木 | 多 |
| 阔叶十大功劳 | *Mahonia bealei* | 小檗科 | 常绿灌木 | 多 |
| 南天竹 | *Nandina domestica* | 小檗科 | 常绿灌木 | 多 |
| 披针叶茴香 | *Illicium lanceolatum* | 木兰科 | 常绿乔木 | 较多 |
| 鹅掌楸 | *Liriodendron chinense* | 木兰科 | 落叶乔木 | 较多 |
| 天目玉兰 | *Yulania amoena* | 木兰科 | 落叶乔木 | 较少 |
| 黄山玉兰 | *Yulania cylindrica* | 木兰科 | 落叶乔木 | 较少 |
| 玉兰 | *Yulania denudata* | 木兰科 | 落叶乔木 | 多 |
| 凹叶厚朴 | *Houpoea officinalis* var. *biloba* | 木兰科 | 落叶乔木 | 较少 |
| 乳源木莲 | *Manglietia yuyuanensis* | 木兰科 | 常绿乔木 | 少 |
| 野含笑 | *Michelia skinneriana* | 木兰科 | 常绿小乔木 | 较少 |
| 浙江蜡梅 | *Chimonanthus zhejiangensis* | 蜡梅科 | 常绿蔓性灌木 | 较多 |
| 柳叶蜡梅 | *Chimonanthus salicifolius* | 蜡梅科 | 半常绿灌木 | 较少 |
| 夏蜡梅 | *Calycanthus chinensis* | 蜡梅科 | 落叶灌木 | 较少 |
| 樟 | *Cinnamomum camphora* | 樟科 | 常绿大乔木 | 极多 |
| 浙江樟 | *Cinnamomum japonicum* | 樟科 | 常绿乔木 | 较多 |
| 香叶树 | *Lindera communis* | 樟科 | 常绿小乔木 | 较少 |
| 乌药 | *Lindera aggregata* | 樟科 | 常绿灌木至小乔木 | 较少 |
| 天目木姜子 | *Litsea auriculata* | 樟科 | 落叶乔木 | 少 |
| 山鸡椒 | *Litsea cubeba* | 樟科 | 落叶小乔木 | 较少 |
| 浙江润楠 | *Machilus chekiangensis* | 樟科 | 常绿乔木 | 少 |
| 华东楠 | *Machilus leptophylla* | 樟科 | 常绿乔木 | 较少 |
| 红楠 | *Machilus thunbergii* | 樟科 | 常绿乔木 | 较多 |
| 浙江楠 | *Phoebe chekiangensis* | 樟科 | 常绿乔木 | 多 |
| 紫楠 | *Phoebe sheareri* | 樟科 | 常绿乔木 | 多 |
| 檫木 | *Sassafras tzumu* | 樟科 | 落叶乔木 | 多 |
| 黄山溲疏 | *Deutzia glauca* | 虎耳草科 | 落叶灌木 | 较多 |
| 宁波溲疏 | *Deutzia ningpoensis* | 虎耳草科 | 落叶灌木 | 较多 |
| 蜡瓣花 | *Corylopsis sinensis* | 金缕梅科 | 落叶灌木 | 较少 |
| 金缕梅 | *Hamamelis mollis* | 金缕梅科 | 落叶灌木或小乔木 | 较少 |
| 枫香树 | *Liquidambar formosana* | 金缕梅科 | 落叶大乔木 | 多 |
| 檵木 | *Loropetalum chinense* | 金缕梅科 | 常绿灌木 | 较少 |
| 野山楂 | *Crataegus cuneata* | 蔷薇科 | 落叶灌木 | 少 |
| 山里红 | *Crataegus pinnatifida* var. *major* | 蔷薇科 | 落叶小乔木 | 较少 |
| 枇杷 | *Eriobotrya japonica* | 蔷薇科 | 常绿乔木 | 较多 |
| 白鹃梅 | *Exochorda racemosa* | 蔷薇科 | 落叶灌木 | 较少 |
| 棣棠花 | *Kerria japonica* | 蔷薇科 | 落叶灌木 | 多 |
| 三叶海棠 | *Malus toringo* | 蔷薇科 | 落叶乔木 | 较多 |
| 湖北海棠 | *Malus hupehensis* | 蔷薇科 | 落叶乔木 | 较多 |
| 光叶石楠 | *Photinia glabra* | 蔷薇科 | 常绿乔木 | 较少 |
| 石楠 | *Photinia serratifolia* | 蔷薇科 | 常绿乔木 | 多 |
| 郁李 | *Prunus japonica* | 蔷薇科 | 落叶灌木 | 较多 |
| 火棘 | *Pyracantha fortuneana* | 蔷薇科 | 常绿灌木 | 多 |
| 梅 | *Prunus mume* | 蔷薇科 | 落叶乔木 | 多 |
| 桃 | *Prunus persica* | 蔷薇科 | 落叶乔木 | 多 |
| 杏 | *Prunus armeniaca* | 蔷薇科 | 落叶乔木 | 较多 |
| 李 | *Prunus salicina* | 蔷薇科 | 落叶乔木 | 较多 |
| 红叶李 | *Prunus cerasifera* f. *atropurpurea* | 蔷薇科 | 落叶小乔木 | 多 |
| 樱桃 | *Prunus pseudocerasus* | 蔷薇科 | 落叶乔木 | 较多 |
| 月季花 | *Rosa chinensis* | 蔷薇科 | 常绿或半常绿灌木 | 极多 |

续表

| 中文名 | 学名 | 科名 | 性状 | 应用频率 |
|---|---|---|---|---|
| 七姊妹 | *Rosa multiflora* var. *carnea* | 蔷薇科 | 落叶攀缘灌木 | 多 |
| 野蔷薇 | *Rosa multiflora* | 蔷薇科 | 落叶攀缘灌木 | 少 |
| 麻叶绣线菊 | *Spiraea cantoniensis* | 蔷薇科 | 落叶灌木 | 较多 |
| 中华绣线菊 | *Spiraea chinensis* | 蔷薇科 | 落叶灌木 | 较多 |
| 绣线菊 | *Spiraea salicifolia* | 蔷薇科 | 落叶灌木 | 较多 |
| 珍珠绣线菊 | *Spiraea thunbergii* | 蔷薇科 | 落叶灌木 | 多 |
| 李叶绣线菊 | *Spiraea prunifolia* | 蔷薇科 | 落叶灌木 | 多 |
| 合欢 | *Albizia julibrissin* | 豆科 | 落叶乔木 | 多 |
| 山槐 | *Albizia kalkora* | 豆科 | 落叶乔木 | 较少 |
| 云实 | *Biancaea decapetala* | 豆科 | 落叶攀缘灌木 | 较少 |
| 黄山紫荆 | *Cercis chingii* | 豆科 | 落叶丛生灌木 | 较少 |
| 巨紫荆 | *Cercis gigantea* | 豆科 | 落叶乔木 | 较少 |
| 紫荆 | *Cercis chinensis* | 豆科 | 落叶灌木或小乔木 | 多 |
| 黄檀 | *Dalbergia hupeana* | 豆科 | 落叶乔木 | 较少 |
| 山皂荚 | *Gleditsia japonica* | 豆科 | 落叶乔木 | 较少 |
| 皂荚 | *Gleditsia sinensis* | 豆科 | 落叶乔木 | 较少 |
| 肥皂荚 | *Gymnocladus chinensis* | 豆科 | 落叶乔木 | 较少 |
| 鸡血藤 | *Spatholobus suberectus* | 豆科 | 半常绿或落叶攀缘藤本 | 较少 |
| 常春油麻藤 | *Mucuna sempervirens* | 豆科 | 常绿木质大藤本 | 多 |
| 紫藤 | *Wisteria sinensis* | 豆科 | 落叶木质藤本 | 多 |
| 花榈木 | *Ormosia henryi* | 豆科 | 落叶乔木 | 较少 |
| 槐 | *Styphnolobium japonicum* | 豆科 | 落叶乔木 | 较多 |
| 柚 | *Citrus maxima* | 芸香科 | 常绿乔木 | 多 |
| 臭椿 | *Ailanthus altissima* | 苦木科 | 落叶乔木 | 多 |
| 苦楝 | *Melia azedarach* | 楝科 | 落叶乔木 | 较多 |
| 香椿 | *Toona sinensis* | 楝科 | 落叶乔木 | 多 |
| 山麻杆 | *Alchornea davidii* | 大戟科 | 落叶灌木 | 较少 |
| 乌桕 | *Triadica sebifera* | 大戟科 | 落叶乔木 | 多 |
| 算盘子 | *Glochidion puberum* | 大戟科 | 落叶灌木或小乔木 | 较少 |
| 重阳木 | *Bischofia polycarpa* | 大戟科 | 落叶乔木 | 多 |
| 交让木 | *Daphniphyllum macropodum* | 虎皮楠科 | 半常绿乔木 | 少 |
| 雀舌黄杨 | *Buxus bodinieri* | 黄杨科 | 常绿灌木 | 多 |
| 黄杨 | *Buxus sinica* | 黄杨科 | 常绿灌木或小乔木 | 多 |
| 南酸枣 | *Choerospondias axillaris* | 漆树科 | 落叶大乔木 | 较少 |
| 黄连木 | *Pistacia chinensis* | 漆树科 | 落叶乔木 | 较少 |
| 枸骨 | *Ilex cornuta* | 冬青科 | 常绿灌木或小乔木 | 多 |
| 大叶冬青 | *Ilex latifolia* | 冬青科 | 常绿乔木 | 较多 |
| 冬青 | *Ilex chinensis* | 冬青科 | 常绿乔木 | 多 |
| 铁冬青 | *Ilex rotunda* | 冬青科 | 常绿乔木 | 较多 |
| 尾叶冬青 | *Ilex wilsonii* | 冬青科 | 常绿乔木 | 较少 |
| 浙江冬青 | *Ilex zhejiangensis* | 冬青科 | 常绿小乔木或灌木 | 较少 |
| 卫矛 | *Euonymus alatus* | 卫矛科 | 落叶灌木 | 多 |
| 肉花卫矛 | *Euonymus carnosus* | 卫矛科 | 半常绿小乔木或灌木 | 较多 |
| 垂丝卫矛 | *Euonymus oxyphyllus* | 卫矛科 | 落叶灌木 | 较少 |
| 扶芳藤 | *Euonymus fortunei* | 卫矛科 | 常绿匍匐或攀缘藤本 | 多 |
| 野鸦椿 | *Euscaphis japonica* | 省沽油科 | 落叶灌木或小乔木 | 少 |
| 三角槭 | *Acer buergerianum* | 槭树科 | 落叶乔木 | 多 |
| 紫果槭 | *Acer cordatum* | 槭树科 | 常绿乔木 | 较少 |
| 青榨槭 | *Acer davidii* | 槭树科 | 落叶乔木 | 较少 |
| 秀丽槭 | *Acer elegantulum* | 槭树科 | 落叶乔木 | 较多 |
| 茶条槭 | *Acer tataricum* subsp. *ginnala* | 槭树科 | 落叶灌木或小乔木 | 较少 |
| 色木槭 | *Acer pictum* subsp. *mono* | 槭树科 | 落叶乔木 | 较少 |

续表

| 中文名 | 学名 | 科名 | 性状 | 应用频率 |
|---|---|---|---|---|
| 建始槭 | *Acer henryi* | 槭树科 | 落叶乔木 | 较多 |
| 毛鸡爪槭 | *Acer pauciflorum* | 槭树科 | 落叶乔木 | 较少 |
| 天目槭 | *Acer sinopurpurascens* | 槭树科 | 落叶乔木 | 少 |
| 无患子 | *Sapindus saponaria* | 无患子科 | 落叶乔木 | 多 |
| 黄山栾树 | *Koelreuteria bipinnata* 'Integrifoliola' | 无患子科 | 落叶乔木 | 多 |
| 枳椇 | *Hovenia acerba* | 鼠李科 | 落叶乔木 | 较少 |
| 雀梅藤 | *Sageretia thea* | 鼠李科 | 常绿或半常绿藤状灌木 | 较少 |
| 爬山虎 | *Parthenocissus tricuspidata* | 葡萄科 | 落叶大型攀缘藤本 | 多 |
| 绿爬山虎 | *Parthenocissus laetevirens* | 葡萄科 | 落叶攀缘藤本 | 较少 |
| 刺葡萄 | *Vitis davidii* | 葡萄科 | 落叶木质藤本 | 较少 |
| 梧桐 | *Firmiana simplex* | 梧桐科 | 落叶乔木 | 较多 |
| 中华猕猴桃 | *Actinidia chinensis* | 猕猴桃科 | 落叶大藤本 | 较少 |
| 毛柄连蕊茶 | *Camellia fraterna* | 山茶科 | 常绿灌木 | 较少 |
| 木荷 | *Schima superba* | 山茶科 | 常绿乔木 | 多 |
| 紫茎 | *Stewartia sinensis* | 山茶科 | 落叶灌木或小乔木 | 较少 |
| 厚皮香 | *Ternstroemia gymnanthera* | 山茶科 | 常绿小乔木 | 较多 |
| 红淡比 | *Cleyera japonica* | 山茶科 | 常绿灌木 | 较多 |
| 金丝梅 | *Hypericum patulum* | 金丝桃科 | 半常绿小灌木 | 较多 |
| 山桐子 | *Idesia polycarpa* | 大风子科 | 落叶乔木 | 较少 |
| 毛叶山桐子 | *Idesia polycarpa* var. *vestita* | 大风子科 | 落叶乔木 | 较少 |
| 柞木 | *Xylosma congesta* | 大风子科 | 常绿灌木或小乔木 | 较多 |
| 中国旌节花 | *Stachyurus chinensis* | 旌节花科 | 落叶灌木 | 较少 |
| 芫花 | *Daphne genkwa* | 瑞香科 | 落叶灌木 | 少 |
| 结香 | *Edgeworthia chrysantha* | 瑞香科 | 落叶灌木 | 多 |
| 倒卵叶瑞香 | *Daphne grueningiana* | 瑞香科 | 常绿灌木 | 较少 |
| 胡颓子 | *Elaeagnus pungens* | 胡颓子科 | 常绿灌木 | 较多 |
| 牛奶子 | *Elaeagnus umbellata* | 胡颓子科 | 落叶大灌木 | 较少 |
| 福建紫薇 | *Lagerstroemia limii* | 千屈菜科 | 落叶小乔木 | 较少 |
| 紫薇 | *Lagerstroemia indica* | 千屈菜科 | 落叶小乔木 | 多 |
| 南紫薇 | *Lagerstroemia subcostata* | 千屈菜科 | 落叶灌木或乔木 | 较多 |
| 赤楠 | *Syzygium buxifolium* | 桃金娘科 | 常绿灌木或小乔木 | 较少 |
| 中华常春藤 | *Hedera nepalensis* var. *sinensis* | 五加科 | 常绿藤本 | 多 |
| 刺楸 | *Kalopanax septemlobus* | 五加科 | 落叶乔木 | 较少 |
| 灯台树 | *Cornus controversa* | 山茱萸科 | 落叶乔木 | 少 |
| 光皮梾木 | *Cornus wilsoniana* | 山茱萸科 | 落叶乔木 | 较多 |
| 四照花 | *Cornus kousa* subsp. *chinensis* | 山茱萸科 | 落叶小乔木 | 较多 |
| 山茱萸 | *Cornus officinalis* | 山茱萸科 | 落叶小乔木 | 较少 |
| 马醉木 | *Pieris japonica* | 杜鹃花科 | 常绿灌木或小乔木 | 较少 |
| 云锦杜鹃 | *Rhododendron fortunei* | 杜鹃花科 | 常绿灌木或小乔木 | 少 |
| 鹿角杜鹃 | *Rhododendron latoucheae* | 杜鹃花科 | 常绿灌木或小乔木 | 较少 |
| 马银花 | *Rhododendron ovatum* | 杜鹃花科 | 常绿灌木 | 较多 |
| 丁香杜鹃 | *Rhododendron farrerae* | 杜鹃花科 | 落叶灌木 | 多 |
| 杜鹃 | *Rhododendron simsii* | 杜鹃花科 | 落叶或半常绿灌木 | 多 |
| 羊踯躅 | *Rhododendron molle* | 杜鹃花科 | 落叶灌木 | 较少 |
| 朱砂根 | *Ardisia crenata* | 紫金牛科 | 常绿小灌木 | 较少 |
| 百两金 | *Ardisia crispa* | 紫金牛科 | 常绿小灌木 | 较少 |
| 紫金牛 | *Ardisia japonica* | 紫金牛科 | 常绿小灌木 | 较多 |
| 浙江柿 | *Diospyros japonica* | 柿科 | 落叶乔木 | 较少 |
| 柿 | *Diospyros kaki* | 柿科 | 落叶乔木 | 多 |
| 老鸦柿 | *Diospyros rhombifolia* | 柿科 | 落叶有刺灌木 | 较少 |
| 山矾 | *Symplocos sumuntia* | 山矾科 | 常绿灌木或小乔木 | 较多 |
| 红皮树 | *Styrax suberifolius* | 野茉莉科 | 常绿小乔木 | 较少 |

续表

| 中文名 | 学名 | 科名 | 性状 | 应用频率 |
|---|---|---|---|---|
| 小叶白辛树 | *Pterostyrax corymbosus* | 野茉莉科 | 落叶小乔木 | 较少 |
| 白蜡树 | *Fraxinus chinensis* | 木樨科 | 落叶乔木或小乔木 | 较多 |
| 金钟花 | *Forsythia viridissima* | 木樨科 | 落叶灌木 | 多 |
| 牛矢果 | *Osmanthus matsumuranus* | 木樨科 | 常绿小乔木 | 少 |
| 柊树 | *Osmanthus heterophyllus* | 木樨科 | 常绿小乔木 | 较少 |
| 桂花 | *Osmanthus fragrans* | 木樨科 | 常绿乔木或小乔木 | 极多 |
| 流苏树 | *Chionanthus retusus* | 木樨科 | 落叶灌木或小乔木 | 少 |
| 女贞 | *Ligustrum lucidum* | 木樨科 | 常绿乔木 | 多 |
| 小叶女贞 | *Ligustrum quihoui* | 木樨科 | 常绿灌木 | 多 |
| 小蜡 | *Ligustrum sinense* | 木樨科 | 落叶灌木 | 多 |
| 醉鱼草 | *Buddleja lindleyana* | 马钱科 | 落叶灌木 | 较多 |
| 络石 | *Trachelospermum jasminoides* | 夹竹桃科 | 常绿藤本 | 较多 |
| 紫珠 | *Callicarpa bodinieri* | 马鞭草科 | 落叶灌木 | 较少 |
| 华紫珠 | *Callicarpa cathayana* | 马鞭草科 | 落叶灌木 | 较少 |
| 海州常山 | *Clerodendrum trichotomum* | 马鞭草科 | 落叶灌木 | 较少 |
| 泡桐 | *Paulownia fortunei* | 玄参科 | 落叶乔木 | 较少 |
| 凌霄 | *Campsis grandiflora* | 紫葳科 | 落叶攀缘藤本 | 多 |
| 楸树 | *Catalpa bungei* | 紫葳科 | 落叶乔木 | 较少 |
| 梓树 | *Catalpa ovata* | 紫葳科 | 落叶乔木 | 较少 |
| 栀子 | *Gardenia jasminoides* | 茜草科 | 常绿灌木 | 较少 |
| 白蟾 | *Gardenia jasminoides* var. *fortuneana* | 茜草科 | 常绿灌木 | 多 |
| 白马骨 | *Serissa serissoides* | 茜草科 | 常绿小灌木 | 多 |
| 南方六道木 | *Zabelia dielsii* | 忍冬科 | 落叶灌木 | 较少 |
| 糯米条 | *Abelia chinensis* | 忍冬科 | 落叶灌木 | 较少 |
| 七子花 | *Heptacodium miconioides* | 忍冬科 | 落叶小乔木 | 较少 |
| 忍冬 | *Lonicera japonica* | 忍冬科 | 半常绿木质藤本 | 多 |
| 水马桑 | *Weigela japonica* var. *sinica* | 忍冬科 | 落叶灌木或小乔木 | 较少 |
| 琼花 | *Viburnum keteleeri* | 忍冬科 | 半常绿大灌木 | 多 |
| 绣球荚蒾 | *Viburnum keteleeri* 'Sterile' | 忍冬科 | 半常绿大灌木 | 较多 |
| 蝴蝶戏珠花 | *Viburnum thunbergianum* | 忍冬科 | 落叶灌木 | 较少 |
| 粉团 | *Viburnum thunbergianum* 'Plenum' | 忍冬科 | 落叶灌木 | 较多 |
| 天目琼花 | *Viburnum opulus* subsp. *calvescens* | 忍冬科 | 落叶灌木 | 少 |
| 孝顺竹 | *Bambusa multiplex* | 禾本科 | 灌状或小乔状丛生 | 多 |
| 凤尾竹 | *Bambusa multiplex* f. *fernleaf* | 禾本科 | 灌状丛生 | 多 |
| 方竹 | *Chimonobambusa quadrangularis* | 禾本科 | 小乔状散生 | 较少 |
| 阔叶箬竹 | *Indocalamus latifolius* | 禾本科 | 灌状散生 | 较少 |
| 金镶玉竹 | *Phyllostachys aureosulcata* 'Spectabilis' | 禾本科 | 乔状散生 | 多 |
| 刚竹 | *Phyllostachys sulphurea* var. *viridis* | 禾本科 | 乔状散生 | 多 |
| 黄皮绿筋竹 | *Phyllostachys sulphurea* f. *robertii* | 禾本科 | 乔状散生 | 较少 |
| 绿皮黄筋竹 | *Phyllostachys sulphurea* 'Houzeau' | 禾本科 | 乔状散生 | 较少 |
| 斑竹 | *Phyllostachys reticulata* f. *lacrima-deae* | 禾本科 | 乔状散生 | 较少 |
| 紫竹 | *Phyllostachys nigra* | 禾本科 | 小乔状散生 | 多 |
| 早竹 | *Phyllostachys violascens* | 禾本科 | 乔状散生 | 多 |
| 早园竹 | *Phyllostachys propinqua* | 禾本科 | 乔状散生 | 多 |
| 毛竹 | *Phyllostachys edulis* | 禾本科 | 大乔状散生 | 多 |
| 四季竹 | *Oligostachyum lubricum* | 禾本科 | 灌状或小乔状散生 | 较多 |
| 华箬竹 | *Sasa sinica* | 禾本科 | 灌状散生 | 较少 |
| 棕榈 | *Trachycarpus fortunei* | 棕榈科 | 常绿乔木 | 多 |

# 主要参考资料


傅苗良. 高山上的花园村: 三十六湾村简史[M]. 中国雪窦山, 2018.

杭州市园林文物局. 杭州市城市绿化志[M]. 北京: 中国科学技术出版社, 1997.

杭州市园林文物局. 杭州市区古树名木名录. 打印本, 2002.

《杭州植物志》编纂委员会. 杭州植物志[M]. 杭州: 浙江大学出版社, 2017.

胡东燕, 张佐双. 观赏桃[M]. 北京: 中国林业出版社, 2010.

胡绍庆. 杭州植物园植物名录[M]. 杭州: 浙江大学出版社, 2003.

黄岳渊, 黄德邻.《花经》[M]. 上海: 上海书店1985年版（正文据新纪元出版社1949年版复印）.

潘志刚, 游应天. 中国主要外来树种引种栽培[M]. 北京: 北京科学技术出版社, 1994.

祁承经, 林亲众. 湖南树木志[M]. 长沙: 湖南科学技术出版社, 2001.

王恩. 杭州园林植物病虫害图鉴[M]. 杭州: 浙江科学技术出版社, 2015.

王缺. 华南常见行道树[M]. 乌鲁木齐: 新疆科学技术出版社, 2004.

吴中伦, 等. 国外树种引种概论[M]. 北京: 科学出版社, 1983.

叶桂艳. 中国木兰科树种[M]. 北京: 中国农业出版社, 1996.

俞仲辂, 史晓华. 木兰科植物引种栽培和在园林上的应用. 课题研究报告, 打印本, 1986.

俞仲辂. 新优园林植物选编[M]. 杭州: 浙江科学技术出版社, 2005.

章绍尧, 胡志根. 杭州植物园城市绿化树种引种成果初报. 杭州植物园科技资料, 1979.

浙江植物志. 编辑委员会. 浙江植物志[M]. 杭州: 浙江科学技术出版社, 1993.

郑万钧. 中国树木志[M]. 北京: 中国林业出版社, 1998.